Der

Zeitgeist und die Kirche.

Von

Dr. Christian German.

Gott ist ein Geist und die Ihn anbeten, die müssen Ihn im Geist und in der Wahrheit anbeten.

Berlin.
Druck und Verlag von Georg Reimer.
1861.

Vorwort.

> Unsere Formel ist: daß nichts Europa zu retten vermag, als eine sittlich religiöse Wiedergeburt auf philosophischem Grunde und dann eine brüderliche Vereinigung der Völker zum großen Werke der Gesittung.
>
> Bunsen.

Von den schweren Vorahnungen heranrauschender Kämpfe durchzogen, und von dem Bedürfniß nach Sammlung ihrer inneren Lebenskräfte getrieben, fühlt unsere Zeit wieder ein wachsendes Verlangen nach der Verbindung ihres Geistes mit dem Ewigen. Mitten in ihren gewaltigen Kreisen sehen wir deshalb die menschliche Gesellschaft die höchste und heiligste ihrer Fragen, die Frage nach ihrem Glauben, mit steigender Theilnahme in sich erneuern. Denn jeder, in die eigentlichen Ursachen der Krankheiten unseres Zeitalters tiefer hinein blickende Mensch fühlt es, wie der wildbewegten Gährung des Ganzen gegenüber, nur eine Wiedergeburt der Gesellschaft im Geiste und in der Wahrheit dem sich zu Ende neigenden

Jahrhundert jenen inneren Frieden bringen kann, welcher die allein dauernde Bürgschaft ist für die Erhaltung alles äußeren Friedens.

Die Ueberzeugung, daß dieser wahre Frieden nur aus der edlen Freiheit eines reinen Glaubens hervorgehen könne, hat, je mehr sie sich im Geiste der Menschen Bahn gebrochen, das bisherige Verhältniß zwischen der Gesellschaft und der Kirche aus dem scheinfriedlichen Halbschlummer eines Waffenstillstandes geweckt, in welchem sich Beide von den großen Kämpfen der Reformation auszuruhen versuchten. Das, von einem großen und gebildeten Theile der menschlichen Gesellschaft wieder aufgenommene Princip, daß die Religion niemals ein fertiges System, sondern immer der freie Ausdruck des fortschreitenden Gottesbewußtseins im menschlichen Geiste sein müsse, und daß, je mehr die Einheit des allgemein Menschlichen in das Bewußtsein unseres Geschlechtes tritt, desto mehr auch die religiösen Sondervorstellungen fallen müssen, hat die Partei des Fortschrittes von Neuem zum Kampf mit der Partei der Beharrung in die Schranken gerufen.

„Alle positiven Religionen zeigen uns," nach Humboldt's treffendem Ausdruck, „die Dreitheilung in einen überall gleichen und sehr reinen Moral-Inhalt, eine geologische Vorstellung und einen Geschichtsmythus, auf welchen letzteren der meiste Nachdruck gelegt wird." In allen deutet eine auffallende Uebereinstimmung der großen Grundsätze ihres sittlichen Wahrheitsinhaltes auf die gemeinschaftliche Einheit ihres Ursprunges im denkenden Geiste menschlicher Stifter. Die physicalisch-mythische Gewandung aber, in welcher die einzelnen

Religionen auftreten, entspricht vielmehr dem, in unbewußter Einseitigkeit aufgenommenen und auf die sittlich-practische Bildung der Gefühls-, Vorstellungs- und Ideenwelt der einzelnen Völkerindividuen verschiedenartig übertragenen, mit schöpferischer Einbildungskraft geheiligten Reflexe ihres landeseigenthümlichen Naturbildes. Die, in solcher Weise durch die oft starren nationalen Charactereigenthümlichkeiten und volksmäßigen Sonderanschauungen hindurch gehende tiefere Einheit mußte natürlich so lange verborgen bleiben und nur das Scheidende in den verschiedenen Religionsanschauungen empfunden werden, als die Wechselwirkung der Völker auf einander eine noch verhältnißmäßig rohe war. In dem Maße aber, als der internationale Verkehr sich vertiefte, und mit dem schaffenden Seelenleben der geistige Inhalt, das Göttliche in der Geschichte, dem Leben und dem Wirken der Völker von einer Nation auf die andre überging, müssen auch die innern Zusammenhänge einer religiösen Gesammtweltanschauung sich im Bewußtsein der Menschheit zu entfalten beginnen und das Scheidende der Sonderformen zurücktreten vor der erwachenden Erkenntniß der tieferen Einheit alles religiösen Lebens.

Unsere Zeit ist in die Entwicklungsperiode dieses Bewußtseins getreten, und während die alten religiösen Sonderanschauungen und Formen wanken, ist ihr Geist schon darauf gerichtet, die positive Form für das neue Stadium des Glaubenslebens zu suchen.

Wenn wir nun mit dem großen Kirchenfürsten Albertus Magnus (in seiner Schrift de adhaerendo Deo) dafürhalten, „daß der höchste Zustand der Menschheit im unmittelbaren, reinen, einfachen Erkennen des Göttlichen durch die Vernunft und die Liebe bestehe; jede Vermittlung durch das sinnlich Wahrnehmbare aber, von welcher Art es auch sein möge, dem Sinnlichen in unserer Natur angehöre, das wir zu überwinden haben," — und unter diesem Gesichtspunkte das Streben nach Herstellung eines einfachen und reinen Glaubens betrachten, wie es sich namentlich im germanischen Geiste kundgibt, so scheint uns das lebendige Wiedererwachen des, dem deutschen Gemüthe auch vor der Annahme des Christenthums schon innewohnenden, uralten, noch von orientalischen Vorstellungen ungefärbten, einfachen Glaubens an Gott, als den Allvater, aus dessen weltdurchdringender Seele die Kräfte der Natur und des Geistes heraustreten, in seiner geläuterten Verbindung mit dem, vom Christenthume gegebenen großen Impulse zu einer allgemeinen Weltreligion der Liebe, die größte Verheißung einer wahrhaften Lösung der religiösen Frage unserer Zeit in sich zu tragen und damit allerdings unsere, von der Inspiration einer unbegrenzten Sehnsucht nach Lösung der inneren Probleme der Menschheit stets tiefbewegte Nation von Neuem zum berufenen Träger eines großen religiösen Aufschwunges der menschlichen Gesellschaft machen zu wollen.

Die Kirche ruft einer solchen religiösen Bewegung ihr Veto entgegen. Werfen wir einen Blick auf die Haltung, welche sie seit Entstehung des Christenthums dem europäischen Geiste gegenüber eingenommen hat.

Als das abendländisch römische Reich unter dem Andrange der Völkerwanderung zusammenbrach, während die Vorsehung dem morgenländischen sein verkümmerndes Dasein ohne innere Belebung nur noch zu dem Zwecke zu fristen schien, daß es den Schatz der geistigen Erzeugnisse des untergehenden Zeitalters wenigstens noch so lange in sicherem Verwahr halte, bis die als Träger der geschichtlichen Verjüngung herangeführten Völker hinreichend gereift sein würden um die Ueberlieferungen der Vergangenheit aufzunehmen, ohne die Selbstständigkeit ihrer Neuentwicklung zu gefährden — brach für den europäischen Geist eine lange Zeit der Finsterniß an. Die aus dem umgestürzten alten, und dem für die neue Cultur erst frisch aufgebrochenen Völkerboden emporsteigenden Dünste mußten sich erst verziehen, ehe aus der neu zubereiteten Erde die Samenkörner der alten Bildung zu den Aehren neuer Erndten aufgehen konnten. Aus der Nebelhülle jener dunklen Zeit tritt uns die Gestalt der Kirche zuerst in den ehrfurchtgebietendsten Umrissen entgegen. Bei der Lösung der Aufgabe die sie sich gestellt, nämlich: Herstellung eines Gottesreiches durch die Vermittlung des Christenthums mit der Cultur der alten Welt und dem Geiste der durch die Völkerwanderung zur Theilnahme an der geschichtlichen Entfaltung der neuen Zeit berufenen Racen, zeigte es sich sehr bald daß die Gemüther der Menschen noch zu weit zurück waren um den vom Christenthum geforderten Schritt zur Annahme einer einfachen Lehre und eines einfachen Gottesdienstes in sich vollziehen zu können. So sah, wie Buckle in seiner Geschichte der Civilisation von England sagt, die Kirche sich genöthigt, die alten Formen so gut wie möglich für den Gebrauch des christlichen Geistes umzuschmelzen. Die Anbetung der Götter verwandelte sich in die Anbetung der Heiligen, die heidnischen Ceremonien und Tempelumzüge in christliche Mysterien und die überall so schönen und tiefen christlichen Gedanken in eine, überall schöne und tiefdurchdachte Symbolik. Während aber, in frommer Absicht, die Kirche auf diese Weise „dem Wasser des ewigen Lebens, welches je weniger specifischen Geschmack es hat, desto reiner und gesunder, weil von allen fremden Theilen geläutert ist," jene Färbung und den Beigeschmack gab, welcher das kräftige Verlangen des damaligen Geschlechtes zu reichlicherem Genusse einladete, bewahrte sie selbst das höchste Gut in ihrem Schooß. Unsterbliche Verdienste um die menschliche Gesellschaft bezeichnen ihre ersten Jahrhunderte. Die Gewaltigen unterwies sie im Geiste der Milde und die Geringen im Geiste des Gehorsams: eine treue und eifrige Hüterin des Wissens förderte sie alle Zweige der geistigen Forschung und in lebendigem Flusse entströmte ihr das göttliche Leben, das sie in sich aufgenommen. Der Geist Gottes in der Menschheit ging wahrhaftig durch sie hindurch und ihr erhabener Bau hallte wieder von seinem lebendigen Schritte.

Als aber jene große und gewaltige Bewegung des europäischen Geistes, in welcher er die ihn umgebenden Nebel selbstständig zu zertheilen begann, auf die Kirche eindrang, als namentlich zur Zeit der Wiederaufnahme der classischen Studien und der selbstständigen Wiederanknüpfung der Gesellschaft an den Geist des Alterthums, das frühere Dunkel ihrer Begriffe sich vor dem unter diesen Beschäftigungen aufgehenden Lichte soweit zurückzog, daß der in dogmatischer Architektonik vollendete Bau der Kirche nun in dem Maße Schatten zu werfen begann, als die ihn umgebende Helligkeit wuchs, — da loderte in der an die lange Herrschaft über die Menschen gewöhnten Kirche jener Dämon menschlich herrschsüchtiger Selbstsucht auf, der sie zu dem verhängnißvollen Irrthum trieb, anstatt die Bewegung der Geister in sich aufzunehmen und ihr voranzugehn, jenen verzweifelten Selbstbehauptungskampf zu eröffnen, der mit Bann, Inquisition, Folter und Scheiterhaufen begann und in dem großen Schisma zwischen Kirche und Gesellschaft endigte, in welchem wir heut noch stehen.

Denn auch dem unermeßlichen Umschwunge der modernen Gesellschaft gegenüber, — einem Umschwung, welcher sie aus ihrer erweiterten Erkenntniß der Natur und ihrer Kräfte, aus ihren über früher ungeahnte Zeiträume der Geschichte ausgedehnten Forschungen, aus ihrem zu einer nie gekannten Lebensdurchdringung der Völker gediehenen Verkehr eine neue physikalische, geschichtliche und Naturanschauung empfangen ließ — auch diesem Umschwung in allen Hauptgebieten des Lebens und der aus ihm hervorgegangenen Begriffserweiterung gegenüber, hat die Kirche nur der Felsen der Beharrung bleiben wollen und, auf eine äußere Gewalt, die ihr nicht mehr zu Gebote steht, verzichtend, ihre Aufgabe nunmehr darin gesucht, ein Wissen, welches nicht mehr in ihrem ausschließlichen Besitz und Dienste steht, zu verwerfen und, anstatt alle die neuerschlossenen Reichthümer des geistigen Lebens zu ewig rinnenden Quellen der Glaubensentwicklung des menschlichen Geschlechtes zu machen, vielmehr den Blick nur noch einzig und allein auf das hoch von ihr emporgehaltene und mit der alten, geheimnißvollen Symbolik umgebene Crucifix zu lenken.

Nun wohl! und welches sind die Folgen eines Principes so einseitiger Abschließung der Kirche von der fortschreitenden geistigen Entwicklung der Gesellschaft gewesen? — hat der große Monolith sich nicht zerklüftet? und ist der Block, den der Sturm der Reformation von ihm losgerissen, nicht unter den weniger stürmisch, aber desto beharrlicher andringenden Fluthen der Zeit wiederum zerfallen? und, wenn man von dem, was bisher geschehen, auf die Möglichkeit einer Fortsetzung dieser Zerbröckelung schließen muß, wird der nächst heraufziehende Sturm das Werk der Zerstörung nicht noch weiter fortsetzen, bis die zerstreuten Trümmer der Kirche, erratischen Blöcken vergleichbar, die Erde bedecken? — Eine etwaige Auflösung der Kirche in immer zahlreicher aus ihr heraustretende freie Gemeinden ist aber dem wahren Wohle der Gesellschaft ebenso fremd, wie es etwa eine Auflösung des Staates in lauter freie Städte sein würde. Menenius Agrippa's alte Fabel, wenn nichts anderes, könnte uns schon lehren, wie bei aller Freiheit der Einzelentwicklung jede der großen Richtungen des gesellschaftlichen Lebens sich in dem Haupte einer sie zusammenfassenden höheren Einheit ausgedrückt sehen muß. Und so sehr wir „die Herstellung selbstständiger Gemeinden, in denen das religiöse Leben sich in Freiheit zu einem Abbilde des göttlichen Lebens entfalten kann," für die höchste Aufgabe der Kirche halten, so wenig können wir die Secten und die freien Gemeinden unserer Zeit als etwas anderes wie Krankheiten der Kirche betrachten — etwa wie die Auswanderer und politischen Flüchtlinge die Krankheiten des Staates sind. Nur die beharrende Treue erreicht, was der fliehenden Ungeduld ewig versagt bleibt. Deshalb: ein mechanisches Losreißen ist kein organischer Fortschritt, denn dieser wächst nur von innen heraus! —

Also, nicht aus einem starren, unveränderlichen Stillstande, welcher, wie die Erfahrung zeigt, die Gesellschaft zu gefährlichen und falschen Schritten gewaltsamer Selbsthülfe verleitet; sondern aus einer ewig fortschreitenden Verjüngung der aus dem Leben und der Geschichte der Gesellschaft hervorgegangenen leitenden Mächte in dem ewig sich weiter entwickelnden Geiste der Menschheit, — und nur aus einer, dem Vorbilde der göttlichen Weltregierung folgenden Weisheit, welche alles Beharren in die rechte Bewegung und alle Bewegung in das rechte Beharren zu setzen versteht, geht das Lebensgesetz für die geschichtliche Entwicklung der religiösen Einrichtung der Gesellschaft hervor, welche wir „Kirche", wie wir ihre politische „Staat" nennen! —

Wie plötzlich aber die große Frage des Glaubens und wie unvorhergesehen sie der Mittelpunkt werden kann, um welchen sich eine große politische Crisis bewegt, deutet uns in einer trefflichen Parallele unter andern Riehl in seinem Buche über die bürgerliche Gesellschaft an. „Als, sagt er, Kaiser Maximilian I. im Wendepunkte der alten und neuen Zeit einen Reichstag auf den andern berief, um viel wichtige Reformen der deutschen Reichsverfassung zu projectiren, einige auch auszuführen, da mochte den Meisten zweifellos erscheinen, es sei der Schwerpunkt der Kämpfe einer bereits ahndungsvoll bewegten Gegenwart auch für eine unabsehbare Zukunft in diesen Ring des neu sich aufbauenden Verfassungslebens festgebannt. Und doch bedurfte es nur eines kleinen Anstoßes nach kleiner Frist und der welterschütternde Geistersturm brach auf einer ganz andern Seite los. Die entscheidende That Luthers durchzuckt die Welt und mit diesem Einen Schlage war alle Voraussicht der Staatsweisheit betrogen — die gefürchtete politische Umwälzung ward zu einer kirchlich-religiösen, verbunden mit einer bürgerlich-socialen. Neue, kaum geahnte Lebensmächte rückten in den Vordergrund, neue Menschen, neue Götter. Die neue Welt war über die Träumer gekommen, wie der Dieb in der Nacht."

Kann Aehnliches sich nicht auch in unserer Zeit wiederholen? oder wäre es nicht vielmehr ein ganz organischer Hergang, wenn alle Anstrengungen zur Wiederherstellung eines einigen deutschen Reiches so lange vergebens blieben, bis sie auf dem Felde gesucht werden, auf welchem einst seine Einheit verloren ging? —

Wie dem aber auch sein möge, und wer will sich vermessen, in der Zukunft zu lesen? — die große Frage des Glaubens hat jetzt schon eine viel näher liegende Seite. Längst ist der Zwiespalt zwischen Leben und Lehre in die Familie hineingedrungen. Oder, um in dieser Beziehung nur eines der oberflächlichst auftauchenden Zeichen der Zeit zu berühren, wollen wir etwa, wenn wir in den Processionen der katholischen und in den Gottesdiensten der protestantischen Kirche fast überall einer Minderheit männlicher Theilnehmer, wohl aber zahlreichen Frauenschaaren begegnen, dies als eine zufällige und nicht vielmehr als eine Thatsache deuten, die aus einem auch in der Verborgenheit des häuslichen Lebens sich geltend machenden Unterschiede der in den Familien obwaltenden Glaubensüberzeugungen und aus mehr oder minder, je nach dem Grade religiöser Belebung, scharf heraustretenden Gegensätzen hervorgeht?

Im Bewußtsein der tiefen Bedeutung, welche der zwischen der Lehre der Kirche und den Ueberzeugungen der Gesellschaft waltende Conflict für die Entwicklung des deutschen Geistes, für den Frieden der Familie und für die Ruhe der Einzelnen in sich trägt, haben wir es nicht unversucht lassen wollen, die aus der Geschichts-, Natur- und Gemüthsanschauung unserer Zeit hervorgehenden Gedanken über den Glauben wiederzugeben und die innere Versöhnung zu suchen, aus welcher ihr, so Gott will, einst auch die äußere kommen kann.

Am 1. Mai 1861.

C. G.

Der Zeitgeist und die Kirche.

I.

Veni creator spiritus!

Staat und Kirche müssen in der rechten Verfassung der menschlichen Gesellschaft, wie Kopf und Herz im rechten Manne, Eins sein. Ein und dasselbe Leben hat sich Beide zu gemeinsam wirkenden Organen seines Wesens geschaffen und knüpft an ihre Einheit die Erreichung seines höchsten Zweckes. Dieser höchste Zweck: die aus wachsender Erkenntniß des menschlichen Wesens überhaupt immer vollkommener hervorgehende Darstellung desselben auf der Erde, muß von der menschlichen Gesellschaft in einer, aus wachsender Gottes- und Welterkenntniß immer vollkommener hervorgehenden Gestaltung der Kirche und des Staates erreicht werden. Sind Kirche und Staat, wie sie es dieser ihrer natürlichen Bestimmung nach sein müssen, wahrhafter Ausdruck der von der menschlichen Gesellschaft erreichten Stufe der Welt- und Gotteserkenntniß, d. h. des politischen und religiösen Bewußtseins ihrer Zeit, so lassen sich Beide ebensowenig wie Gott und die Welt von einander trennen.

Die Erfahrung hat diese Wahrheit längst bestätigt. Ein beständiger Parallelismus der Lebensbewegung zwischen Staat und Kirche hat, so weit die Geschichte zurückreicht, jede innere Erschütterung des Einen auf den Andern mit übertragen und in dem engen

Auf daß eine solche Folge der Dinge, deren dumpfe Anklänge schon aus der Ferne hörbar werden, nicht über uns und unsre Zeit hereinbreche, ist die Wiedervereinigung von Staat, Kirche und Volk die Aufgabe der Gegenwart. Herstellung der Uebereinstimmung des Staates und der Kirche mit dem Bewußtsein der Zeit — das ist die Losung, das die Bewegung, an deren Spitze sich Staat und Kirche selbst setzen, das Ziel, zu dessen Erreichung sie einer Zeit voranschreiten müssen, der, wenn nicht alle Zeichen trügen, eine durchgehende Umwandlung in dem ganzen gesellschaftlichen Systeme ihrer geistigen und politischen Gestaltung bevorsteht.

Der Staat des 19. Jahrhunderts hat nach großen und über einen langen Zeitraum sich hinziehenden Kämpfen die Nothwendigkeit anerkannt, sich mit dem politischen Bewußtsein seiner Zeit und dessen Forderungen in Uebereinstimmung zu setzen. Schon sind seine Kräfte thätig, den Strom des neuen Lebens in die zu Schutz und Sicherheit des großen Organismus nothwendigen Adern und Canäle zu leiten, und die Lücke, die zwischen ihm und der Gesellschaft entstanden war, schließt sich wieder. Convulsionen des herannahenden Endes der alten Dinge durchzucken die Gegenden, welche sich dem über sie hinwegschreitenden Geiste noch verschließen zu können dachten.

Die christliche Kirche des 19. Jahrhunderts wird diese Bewegung theilen und die Nothwendigkeit anerkennen müssen, das religiöse Bewußtsein unserer Zeit und dessen Forderungen an sie zum leitenden Gedanken einer Erneuerung ihres Zusammenhanges mit der menschlichen Gesellschaft zu machen. Sie wird dies um ihrer selbst willen thun müssen; denn wo die Religion sinkt, steigt die weltliche Macht des Staates und der Politik. Außerhalb eines innigen Zusammenhanges mit der Gesellschaft muß die Kirche nothwendig in dem Maße, als sich rings um sie immer zahlreicher werdende freie Gemeinden mit freier Religionsübung unter dem Schutze des Staates gruppiren, langsam zum Range eines officiellen Regierungsinstrumentes herabsteigen und aus einer zuerst relativen immer mehr in eine absolute Abhängigkeit vom Staat übergehen. Ja, so lange die Kirche die welthistorische Aufgabe einer Einigung der innersten Interessen und des höhern, innern Bewußtseins der Gesellschaft nicht durch ihren eignen innern Fortschritt löst, so lange ist mit Recht der Dualismus zwischen Staat und Kirche, mit Unterordnung der Kirche unter den Staat, die einzig praktisch durchführbare Form. Unsere Zeit aber, und die Bewegung des deutschen Geistes namentlich ist tausendfach dazu angethan, daß die Kirche sich ihr ideales Ziel in der ganzen Größe seiner Umrisse vor Augen stelle! —

Herstellung und Erneuerung der Einheit ihres religiösen Bewußtseins ist die natürlichste Eröffnung großer Entwicklungsepochen einer Nation. Die Kraft des Einzelnen wie der Völker hängt vor Allem ab von der Stärke ihres Zusammenhangsgefühls mit Gott und den ewigen Wahrheiten, in welchen allein die unversiegliche Quelle wahrer Freudigkeit zum Guten, dauernder Befähigung zur Ausübung aller Tugenden des öffentlichen, wie des privaten Lebens und der mächtigste Sporn großer Handlungen für Individuen wie für Nationen liegt. Deshalb kann es sich auch ereignen, daß die religiöse Seite der socialen Frage noch eher nach Lösung drängt als die politische, wie weit auch die Letztere gegenwärtig voranzugehen scheint. — Namentlich gilt dies für Deutschland, dessen größte geistige Aufgabe: die Uebertragung des Christenthums aus dem romanischen in den germanischen Charakter, in der Schöpfung einer Kirche unvollendet blieb, welche, indem sie die Schrift, als die übernatürlich inspirirte Offenbarung, zu ihrer ausschließlichen Grundlage machte, in der Gebundenheit an dieses „geoffenbarte" Wort, der Gefahr nicht entgehen konnte, über dem Buchstaben desselben des Geistes zu vergessen, der ihn inspirirt hatte. Wiedergeburt des Christenthums im Geist und zwar zunächst im deutschen Geiste, eine allgemeine deutsche Kirche, der zweite Theil der Reformation ist, auf religiöser Seite, Deutschlands nächste Aufgabe. Zeigen wir, ob wir noch dieselben sind, wie einst Irenäus unsre Ahnväter geschildert hat: sine charta et atramento scriptam habentes in cordibus suis salutem.

Wenn sich der Protestantismus mit voller Einigkeit und Kraft zur deutschen Kirche erhebt, anstatt sammt seinen zahllosen Sekten als blos negativer Widerpart der katholischen Kirche in Deutschland zu verharren, wird Rom, wie es einst seine östlichen Gebiete räumte, um die Karolinger an sich zu ziehen, allmählig auch den deutschen Boden räumen, um hinfort sich auf seine natürlichen und gebornen Wahlverwandten, die romanischen Völker, zu concentriren. Aus der protestantischen Kirche muß zunächst eine deutsche werden, wie die katholische längst eine römische gewesen ist; in catholica ecclesia inclusa, wie der Kanzler Gerson sie schon nannte!

Bevor nicht ein gleicher Glaube die deutschen Gemüther wieder zu Einem heiligen deutschen Reiche vereinigt, bleibt Deutschlands politische Einigkeit — ein Traum.

Unser Traum aber ist der vorbedeutungsvolle Herold der That, die unser hellgewordenes Tagesbewußtsein einst vollziehen wird. — Ein Daniel! ein Daniel für unsern Traum! —

II.

Die Wahrheit wird euch frei machen.

Unsere Zeit verlangt nach einem neuen Bunde zwischen Vernunft und Glauben; der Schlüssel der Kirche paßt nicht mehr in das Schloß der Zeit. Der menschliche Geist steht auf einem höheren und freieren Standpunkte, umfaßt den Zusammenhang der Dinge vollkommener, richtet den Blick nach allen Seiten hin und zieht alles Bestehende in seine Betrachtung. Helleren Auges in die vor ihm aufdämmernden Tiefen seiner Welt hineinschauend, und immer mehr sich hinwegwendend von einer in den Fesseln des Dogmen- und Buchstabenglaubens zurückgehaltenen Kirchenlehre, verlangt der Geist unserer Zeit nach einem lebendigen, die Bildungselemente der Gegenwart frei in sich aufnehmenden und im Geiste seines universellen Principes frei zu lehrenden Christenthume. Andernfalls droht die immer weiter um sich greifende Entfremdung von einer Kirche, welche für göttliche Wahrheiten und menschliche Satzungen ein gleiches Maß des Glaubens fordert, die Gemüther von der Empfänglichkeit für religiöse Ideen, vom Glauben und von der Beschäftigung mit göttlichen Dingen überhaupt abzuziehen und dem wahren Christenthume wie der allgemeinen Wohlfahrt der Seelen immer feindlichere Elemente heranzuführen. Gestützt auf eine unermeßliche Erweiterung ihres Schöpfungs- und damit auch ihres Schöpferbegriffes, hat sich in einem großen Theile der menschlichen Gesellschaft die Ueberzeugung festgestellt, daß der Irrthum, wie er alles rein im Geist Begonnene als irdischer Schatten zu begleiten pflegt, auch in die Glaubenslehre der Kirche sich eingeschlichen hat, und daß unsere Zeit nur durch eine, aus der Mitte ihrer eigenen Gottes- und Weltanschauung hervorgegangene, in das allgemeine Bewußtsein überzugehen und Geist und Gemüth des neuen Zeitalters zu befriedigen fähige Glaubenslehre, wieder in die tiefsten und innersten Beziehungen des Lebens, in die Verbindung mit Gott, zurückgeführt werden kann.

„Wer aber soll es sich zutrauen dürfen, die großen Errungenschaften des Geistes zu höheren Formen der Erkenntniß und des Willens in einer neuen festen Lehre zusammenzufassen? wer vermag es, als menschlicher Bildner göttlicher Ideen, die neu aufgehende Welt denkend zu gestalten, der Zeit den Reichthum des Weltinhaltes, im rechten, göttlichen Sinne verklärt, neu aufzuschließen? ein Leben, das seinen Umfang so ungeheuer erweitert, auch in seinen Tiefen zu erweitern und das Herz der Menschheit durch ein im Geist und in der Wahrheit neu aufgerichtetes Gottesbewußtsein emporzuheben? — Wer soll es sich zutrauen dürfen, diesen tiefsten, zeitgestaltenden Einfluß auszuüben, die Geistesthat zu vollbringen, welche das Irdische mit dem Ueberirdischen neu verknüpft; unsrer Zeit das Verhältniß der Seele zu einer höhern, unsichtbaren Welt wiedererkennen und das Volk wieder seines tiefsten Glaubensgrundes inne werden läßt? Wer führt uns, die ewigen Wurzeln alles gedeihlichen Lebens erneuernd, dem himmlischen Frieden entgegen, der über alle Vernunft ist? —

„Es geht über menschliches Vermögen, mit sicherm Auge und fester Hand die Grenzlinien der ungeheuren Bewegung, die sich da aufthut, im Voraus ziehen zu wollen! Denn was ist, der Verschiedenheit geistiger Bedürfnisse gegenüber schwieriger, als etwas für Alle Festes, Allgemeingültiges und Verständliches zu geben? etwas, woran die Jugend erstarkt und dem zugleich der gereifte, selbstbewußte Mann sich anzuschließen vermag, der sich seine Religion in eignen Anschauungen bildet; etwas, woran zugleich der tiefste Denker Genüge findet und dem die nicht vor-, sondern kaum nachdenkende, der Autorität um so bedürftigere, je weniger selbst geistig lebende Masse (der ὄχλος ἀφιλόσοφος der Alten) mit Befriedigung folgen kann; etwas, das der Freiheit des Denkens gewisse Haltepunkte zeigt, das die Geister fesselt und die Gemüther bezwingt? — Wo liegt namentlich Schutz vor der, geschichtlich zu solchen Zeiten immer aufgetretenen Gefahr, daß der neue Geist fanatisch alle alten Altäre stürzt und in blinder, rapider Zerstörungswuth alle langbewährten Formen zerbricht, bevor er selbst noch Zeit gefunden, im eignen Bewußtsein die Gestalt zu vermitteln, deren sein neues Leben bedarf, und daß die Menge ihre theuersten Erinnerungen, die heiligsten Traditionen unseres Geschlechtes, anstatt sie zu verklären, von sich wirft?" —

Unter solchen und ähnlichen Fragen von dem Geiste einer innerlich unbefriedigten, tief in ihrer innern Lebenskraft versehrten Gegenwart vorwärts getrieben, von der Scheu vor den ungewissen Verheißungen der Zukunft zurückgehalten, steht unsre Zeit zaudernd an der ernsten Grenze der Entscheidung. Für das Ganze handelt es sich darum, nach welcher Seite hin der Zug der Bewegung geschehen soll, der die Zeit auf ihr rechtes Piedestal stellt, — für den Einzelnen, welche unter den bewegenden Kräften er durch die seinige verstärken soll. Denn in einer solchen Zeit der Weltarbeit darf keine Kraft sich in nutzloser Vereinzelung zersplittern; für Etwas muß Jeder kämpfen, und wofür er kämpft, dafür muß er auch bewußt kämpfen. Richten wird Gott! —

„— Aber was ist die Wahrheit?" wiederholt sich auch hier die ewig inhaltschwere Pilatusfrage. Wer giebt Antwort, wo die höchste Weisheit dieser Erde selbst geschwiegen hat? — „Und doch handelt es sich, wenn ich mich entscheiden soll, darum, diese ideale Axe zu kennen, um welche sich die ganze Arbeit der Geisterwelt dreht!" — „Was ist Irrthum?" fragt die geängstigte Welt und hüllt sich tiefer in ihre altersgrauen Schleier. Fürwahr, wüßte uns Einer diese beiden Fragen zu beantworten, so wäre der große Kampf der Welt zu Ende, Himmel und Erde berührten einander wieder, das Dort würde zum Hier, jede Frage athmete, kaum ausgehaucht, auch schon die Antwort ein; fest gerichtet stände die zitternde, polsuchende Magnetnadel alles Forschens und harmonisch bewegte sich die geistige Welt um ihre ideale Achse, wie die leibliche sich um ihre physische bewegt! —

Doch getrost! die mathematische Bewegung in der Diagonale der Kräfte ist auch die Führungslinie aller geistigen Bewegung: auf ihr geht die Menschheit ihre Bahn zum Ziel der Erkenntniß zwischen den beiden Kräften des Fortschritts und der Beharrung, deren Verhältniß zu einander die Bewegung der moralischen und intellectuellen Welt bestimmt: sie führt die Einseitigkeit und den Ueberschuß der in jedem Augenblick einander auf ihr begegnenden Kräfte zum Ebenmaß ihrer Wirksamkeit zurück und während sie hier den Fortschritt hindert, daß er das Bewährte nicht zum beweglichen Spiel des Augenblickes verflüchtige, verbietet sie dort der Beharrung, das Leben in Versteinerung und Fäulniß zerfallen zu lassen. Aber nur von Zeit zu Zeit, wenn die zunehmende Nacht des Irrthums unser Geschlecht Abgründen entgegendrängt, zeigt sich auf dieser Weltstraße des Geistes die erhabene Gestalt der göttlichen Wahrheit selbst, entschleiert die Züge des edlen Angesichts und deutet mit weit hinausleuchtender Fackel den neuen Richtweg der Zeiten an, um dann in ihr altes Dunkel zurückzutauchen. Erstarrt stehen die Gruppen der Kämpfer: die Waffen entsinken der Hand, die das geblendete Auge zu schützen sucht. „Wo wies sie hin?" — Hierhin! — Dorthin! — und schon entbrennt der alte Kampf mit neuem Eifer kaum ausgeruhter Kräfte, um einen Preis, dessen Besitz hienieden noch keinen sterblichen Menschen gekrönt hat.

So wird an all' unser irdisches Leben und Streben gebundener Irrthum zum sichern Zeichen, daß unser zeitliches Dasein nur den einen, suchenden Theil unseres Wesens enthält: die Wahrheit aber, der nachzujagen unser Geschlecht unaufhörlich getrieben wird, ohne ihren Vollbesitz zu erreichen, wird zum Zeichen, daß ein anderer Theil dieses Suchen stillen muß, um den Zweck unseres Lebens zur Vollendung zu bringen.

Ist dem Menschen der volle Besitz der reinen Wahrheit überhaupt für dieses Leben vorenthalten, reines Schauen und reine Erkenntniß ihm nicht vergönnt, befindet er sich vielmehr nur auf der Wallfahrt zum Ziele der Erkenntniß, so ist es doch seine Bestimmung und trägt er die Mittel in sich selbst, die zu der ewigen Wahrheit hinüberleitenden zeitlichen, einzelnen Wahrheiten allmählig aus sich selber bis zu den äußersten Grenzen seiner menschlich persönlichen Erkenntniß zu entwickeln. So wird es zum Wesen der Wahrheit auf der Erde, daß der Trieb nach ihr uns in's Vollkommene hineinwachsen läßt. — In diesem Sinne gehen neben den Irrthümern der Zeiten fortschreitende Wahrheiten einher, in denen sich das göttliche Princip, welches alles Menschliche durchwaltet, beständig erhält, erneuert und weiter entwickelt. Dieses göttliche Lebensprincip, dieser göttliche Hintergrund unserer Welt, der sich fortdauernd im Bewußtsein der Menschheit selbst bezeugt, ist der Führungsweg unserer Erkenntniß. Die Art und Weise aber, in welcher sich das menschliche Geschlecht um dessen einzelne Stationen anbaut (Rom, Jerusalem u. A.), ist, wie alle menschliche Formen, nothwendig mit der wechselnden Gestaltung des Geschlechtes selbst dem Wechsel unterworfen, bis die Fülle der Erscheinungen überhaupt erschöpft und das ewig Eine sich unter allen seinen Formen dargestellt und erkannt hat.

Von diesem Gesichtspunkt aus das Wesen der Wahrheit als

ein hienieden in beständiger Entwickelung begriffenes, nicht in der Bibel oder anderswo abgeschlossen hinter uns liegendes auffassend, darf jeder es mit sich und seinem Gott ernst meinende menschliche Geist, unbefangen und vorwurfsfrei das Thor der Selbstforschung öffnen an dessen Schwelle so viele in der Meinung zaudernd innehalten, daß die geheimnißvoll auf hohem Sockel dahinter thronenden Geister, deren Herrschaft nach Jahrtausenden zählt, aus heiligem, ungestörtem Dunkel die Welt der Menschen auch in Ewigkeit weiter beherrschen müßten. Dies ist Irrthum. Der Entstehungsgrund der ältesten Wahrheiten unseres Geschlechtes ist derselbe, wie der seiner jüngsten: die innere Welt des Menschengeistes. Diese zu erforschen heißt die Geschichte Gottes im Herzen und im Geiste der Menschheit aufsuchen; und je tiefer Jahrhunderte und Jahrtausende einander in ihren Wahrheiten wie in den Irrthümern, die sie beherrschten, begreifen lernen: desto mehr lernen sie damit Gott selbst in ihnen begreifen. Rechtfertigt sich auf diese Weise die Forschung für alle Zeiten, so wird sie damit aus einem Recht zu einer Pflicht, und vom Geiste wahrer Liebe zu Gott und den Menschen geleitet, wird sie zur höchsten Aufgabe jedes denkenden und Gott suchenden Menschengeistes, wie zur Quelle der allgemeinen Gotteserkenntniß des menschlichen Geschlechtes.

Diese Ansicht von der Wahrheit und ihrer Entwicklung auf Erden ist es, auf welcher der neue Bund zwischen Vernunft und Glauben ruht, den unsre Zeit in einer neuen Gestaltung ihrer Kirche zu schließen drängt. Wir selbst werden, der bestehenden Kirche gegenüber, der Segnungen eingedenk bleiben, die das menschliche Geschlecht aus ihrem Schoße empfangen hat. In jener Zeit, wo rohe Thatkraft, Sinnlichkeit und zügellose Leidenschaft die ungezähmte Barbarennatur beherrschten, war sie es, die durch Kraft und Einsicht, Ordnung, Sitte und Recht, den Glauben an eine höhere Ordnung der Dinge aufrecht erhielt; in der Brandung der sie umfluthenden Völkerwogen ein Fels der Rettung für alle höheren Güter des Lebens. Ihr Einfluß mäßigte die rohe Gewalt der Machthaber, milderte Sitte, Gesinnung und Gefühl der Massen, und bändigte die menschliche Natur von innen her durch die Lehre der Sitte, wie der Staat sie von außen her bändigte durch die Macht des Gesetzes. Ewig feiernswerthe Geister sind aus ihrem Schoß hervorgegangen und haben, in die Tiefen der menschlichen Natur hinuntertauchend, die edelsten Perlen göttlicher Erkenntniß zu Tage gefördert. — Aber indem wir uns nicht verhehlen, daß die väterliche Erziehung der Kirche, die, wie die häusliche, oft die Schwächen und Irrthümer, die innern und äußern Hindernisse der Charaktere der Kinder benutzen muß um sie zum Weg des Heiles hinzuleiten, zur Ausbeutung derselben für weltliche Selbstzwecke überging — werden wir nicht anders können als, wie es bei aller Ehrfurcht und Liebe für seine Erzeuger, die Pflicht des mündig gewordenen Menschen ist: die innere Selbstständigkeit unserer göttlichen Ueberzeugungen, die Stellung unseres Gemüths zu Gott, unsere Denk- und Gewissensfreiheit vor allem menschlichen Druck und Zwange zu bewahren — er komme her, woher er wolle!

III.

Es sind mancherlei Kräfte, aber es ist Ein Gott, der da wirket Alles in Allen.
1 Cor. 12, 6.

Nachdem der erweiterte Weltverkehr uns mit den ältesten und fernsten Ländern auch die geistigen Schätze ihrer Völker und die innere Geschichte ihres Lebens aufzuschließen begonnen hat, vermögen wir allmählig die früher getrennten Formen des Gottesbewußtseins zu einer geistigen Universalanschauung organisirt zusammenzusetzen, und immer deutlicher den Zusammenhang der religiösen Ideen zu erkennen, welche den geschichtlich übersehbaren Weg des menschlichen Geschlechtes begleitet haben. Der Geist hat Licht und Schatten abwägen gelernt: und indem er auf dem großen Gemälde seiner Vergangenheit das Licht dort, wo es hingehört, voll und rein sammelt, tritt damit das Uebrige von selbst in den Schatten und giebt dem Ganzen die Seele, Deutlichkeit und Einheit, deren unser Auge bedarf, um den Eindruck des großen, vor uns aufgerollten Bildes rein und ruhig aufzunehmen. Je tiefer wir in das Leben der Vorzeit eindringen, desto deutlicher erkennen wir, wie ein und dieselbe Offenbarung, nur mit verschiedenen Symbolen, durch die Religionen aller Völker hindurchgeht; wie eine Nation nach der andern, gemäß der Beschaffenheit ihres Geistes und der Entwickelungsstufe ihrer Erkenntniß der Gottesgemeinschaft, als Träger göttlicher Ideen aufgetreten ist — und wie die Kirche Gottes in der Weltgeschichte ein durch alle Zeiten des menschlichen Geschlechtes hindurchgehender Bau ist, in welchem alle Völker, hinter der Verschiedenheit der Altäre, der Götter und der Traditionen Einer durchgehenden Entwickelung entgegenstreben, die sie einst zu Einer Weltkirche vereinigen soll. — Wir wissen, daß jede dieser Religionen ihren natürlichen Ursprung darin findet, daß in jeder dieser Nationen durch tiefere Weisheit, Einsicht und höhere Gaben des Geistes berufene Menschen ihre Erfahrungen und Forschungen, die höheren Grundsätze die sich ihrem um die Ursache der Dinge bemühten Geist offenbarten, in Hauptgedanken zusammenfaßten, eine Richtung des Lebens aufstellten, gleichdenkende Elemente an sich zogen und, um auf die Masse zu wirken, gezwungen waren, ihrer Lehre den Charakter besonderer Heiligkeit zu geben, sie als dem besondern Willen der Gottheit gemäße Ordnung hinzustellen und sie in ein Gewand zu kleiden, welches geeignet war, durch die Sinne die Gemüther ihres Volkes an sich zu ziehen.

In Indien erhob sich zuerst, aus der ursprünglichen Verehrung der waltenden Naturkräfte, die bramanische Religion zur Erkenntniß einer, jene Kräfte beherrschenden Gottheit. Ganz ähnlich unserer Bibel, leitete sie die Schöpfung Brama's von einer zuerst erschaffenen geistigen Welt mit geistigen Wesen her, deren Abfall von ihm erst die Schöpfung der sichtbaren Welt bedingte. Um den von Zeit zu Zeit stockenden Entwicklungsgang der festgesetzten Weltordnung wieder herzustellen, erscheint in Zwischenräumen die erhaltende Gottheit selbst in Menschengestalt, als Crischna, sichtbar verkörpert auf der Erde.

Schon vergeistigter aus der Bramareligion entwickelt, betrachtet der Buddhaismus die sichtbare und unsichtbare Welt nur als Theile eines und desselben Wesens, welches kein persönliches, sondern das Ursein an und für sich ist. Statt der Gottheit in sichtbarer Gestalt treten heilige Menschen, Weise (Buddha's), in bestimmten Zeitabschnitten, als Manifestationen höchster Vollkommenheit des irdischen Lebens auf.

In beiden indischen Culten finden wir die überraschendsten Züge der Uebereinstimmung mit unserer biblischen Geschichte. In den Purana's findet sich die Erwartung von einem Erretter, einem Friedenskönige, oft und nachdrücklich ausgesprochen: er soll erscheinen, um die Last der Gottlosigkeit des Menschengeschlechtes aufzuheben, durch welche die Erde wieder in den alten chaotischen Zustand zurückzusinken droht; Wischnu selber tröstet die Erde und verspricht, als Heiland auf ihr zu erscheinen, ihren Leiden abzuhelfen, dem Reich des Bösen ein Ende zu machen; und um die Hauptgrundlage des indischen Religionsglaubens: die Erscheinung eines prophetisch vorausverkündigten, Fleisch gewordenen Gottes, gruppirt sich ein Sagenkreis, voll der sonderbarsten Uebereinstimmung mit der Geschichte Christi. — Ja, wenn wir unter andern auch erfahren, wie der ursprüngliche Hinduismus in der Banane, dem indischen Feigenbaum, und der Asvatha (ficus religiosa) gemeinschaftlich heilige Symbole des Uebersinnlichen verehrte, bis der Buddhaismus, ausgestoßen von der alten Bramanenkirche, die Asvatha als sein Symbol, als den ihm heiligen Baum mitnahm und nun ein Streit entbrannte, welches der rechte, wahrhaft heilige Baum der Erkenntniß sei — wem fiele nicht dabei jener Baum des Paradieses ein, unter dessen Schatten die Bibel die Geschichte unseres Menschengeschlechtes beginnen läßt?

Gleiche Anklänge sind aus Indiens ältestem Schwesterlande der Cultur, aus Egypten zu uns herübergedrungen. Ueber den tausend Personificationen verschiedener Eigenschaften und Aeußerungen, in welchen des sinnliche Bedürfniß der ungebildeten Masse den Götterglauben empfing, stand auch dort ein, nur den Eingeweihten bekannter Glaube an ein einziges, unsichtbares, höchstes Wesen, welches aber mit keinem Namen genannt und unter keiner Gestalt gedacht werden durfte.

In zweimaliger, langer und gewaltsamer Berührung mit beiden, durch die entwickelte Form ihres Gottesbewußtseins hervorragenden Ländern, war es das Volk der Juden, welches im Joch der egyptischen und babylonischen Gefangenschaft die dort empfangenen Elemente egyptisch-indischen Gottesbewußtseins in einer neuen Volksindividualität zusammenschmolz. Sein tief in die Geheimnisse egyptischer Priesterweisheit eingeweihter Erretter Moses pflanzte dem im egyptischen Frohnjoch entarteten Volk den Glauben ein, in dem er selbst dort erzogen worden war. In der berühmten Inschrift des Isistempels: „Ich bin Alles, was ist, war und sein wird und meinen Schleier hat noch kein Sterblicher gehoben," erkennen wir den Jehovah, den Moses seinem Volke giebt, selbst dem Wortlaut nach wieder, denn der Name selbst — Jehovah — bedeutet den, der da ist, war und sein wird. Jener Schleier des Isistempels und der Vorhang vor dem Allerheiligsten der Stiftshütte sind gleichsam von demselben Stoffe gewebt. — Und als nun, nach der persischen Eroberung Jerusalems dieses zähe Volk dem assimilirenden Einfluß der babylonischen Gefangenschaft von Neuem so erlegen war, daß nur zwei seiner Stämme wiederkehrten, als Esra und Nehemia den unter Xerxes neubegründeten Staat zu befestigen, Jerusalem herzustellen und alle bei der persischen Eroberung verloren gegangenen Schriften des alten Testaments wieder aufzuzeichnen begannen (140 v. C.) — liegt es da so ferne, die alten, räthselhaften Anklänge der Uebereinstimmung der Bibel mit den egyptisch-indischen und persischen Kosmo- und Theogonien natürlich unter einander zu verbinden? — Bedarf die Kosmogonie der Bibel der Annahme einer übernatürlichen Offenbarung zu ihrer Erklärung, wenn wir uns erinnern, daß die an den Ufern des Euphrat verbreitete Kosmogonie des Zendvolkes das ewige Urwesen, den Ormuzd, den Geist des Lichtes und des Guten erschaffen, und ihm das ewig heilige Wort (ahnua vairya) geben läßt, durch welches Ormuzd in sechs Schöpfungsperioden die Welt erzeugt? — Bedarf die, grade in der babylonischen Gefangenschaft bestimmt auftretende Messiasahnung des jüdischen Volkes einer übernatürlichen Erklärung, wenn wir uns erinnern, daß die unter den jüdischen Rabbinen von Alters her lebende Geheimlehre vom Adam Kadmon (Ur- oder Idealmensch), einem hohen, nach Gottes Ebenbilde geschaffenen Wesen, das eine Reihe von Incarnationen durchläuft als Adam, Henoch, Noah u. s. f. hier der indischen Crischnavorstellung begegnend, sich in ihnen ebenso zur starren Vorstellung eines nationalen Götterboten verdichtet, wie dies, nur in schroffen und gleichsam noch egyptisch abgeschlossenen Formen zu denken befähigte Volk den Gott der Welt nur als Nationalgott in sein Bewußtsein aufzunehmen vermocht hatte? — Historisch fest steht, daß zur Zeit der Sassaniden der Buddhismus in Persien bekannt war und buddhistische Ideen von dort aus in die jüdische Gelehrtenwelt übergingen.

Wie Egypten durch Moses zum Stammlande des jüdischen, später mit dem indisch-persischen verschmelzenden Gottesbewußtseins geworden war, so wurde es, fast ein Jahrtausend später, durch Pythagoras auch noch von gleich entscheidender Bedeutung für die Entwickelung des hellenischen Weltbewußtseins. Nur ging das, von beiden Männern aus der Tiefe desselben gemeinschaftlichen Schachtes zu Tage geförderte Erz, während es sich in der Gluth des jüdischen Charakters zum sprödesten Stahl verhärtete, bei den Hellenen in die elastischeren Formen eines freier waltenden Geistes und einer helleren, weltbildungsfähigeren Volksindividualität über. Wie Moses, so war auch Pythagoras durch langen Aufenthalt in Egypten tief in die Geheimnisse des egyptischen Priesterstaates eingedrungen. Aber im Gegensatz zu Moses, der für sein Volk vornehmlich den festen Rahmen der priesterlichen Institutionen und einer von diesen gehandhabten Glaubensherrschaft aufrecht erhielt, wurde Pythagoras von der Idee geleitet, das Wissen, das er dort gefunden, zum leitenden Princip der Entwicklung seines Volkes zu machen und einen auf der Herrschaft der Weisesten und Besten gegründeten Staat herzustellen. Beides, wie wir sehen, Wege, welche ihr Ziel nur in einem mittleren (der späteren Culturperiode des Christenthums) erreichen konnten, weil sie zusammengehörige Elemente des menschlichen Wesens, Glauben und Wissen, durch einseitige Bevorzugung von einander trennten. — Wie auf dem Geiste Mosis der Fortbau der jüdischen, so ruhte nun auf dem Geiste des Pythagoras das Wesen der weiteren hellenischen Geistesrichtung und Entwicklung. In zahlreichen, selbstständig abgetrennten und mehr oder weniger glücklich und lichtvoll bis in die äußersten Gegensätze hinein entwickelten Gruppen entströmt dieser gemeinschaftlichen Hauptquelle das ganze System griechischer Philosophie, bis es in der aus zeitgemäßer Verklärung und Fortbildung der pythagoräischen Ideen hervorgegangenen Metaphysik des Plato in die römische Welt einmündete und in diesem großen Becken, welches alle Strömungen der Cultur in sich aufzunehmen und zu verschmelzen bestimmt war, auf das, ihm in frischer, voller Fluth entgegenströmende Christenthum stieß, welches die alten Dämme des starren, jüdischen Wesens, die Orthodoxie der Pharisäer und den Mysticismus der Essener durchbrochen hatte und ufersuchend den Schauplatz der Weltgeschichte betrat. Es geschah dies zu einer Zeit, in der die Völkerverschmelzung, die Europa, Asien und Afrika unter dem Scepter Roms vereinigte, das Menschengeschlecht seine Einheit und Allgemeinheit fühlen lehrte, und der Austausch internationalen Verkehrs die schroffen Eigenthümlichkeiten der Einzelanschauungs- und Denkformen zu verbinden begann. Während die jüdisch-orientalische Welt in ihrem ausgeprägten religiösen Glaubensleben ausschließlich die Gottheit im Auge gehabt, hatte die griechisch-römische, durch gründlichen Ausbau im Leben brauchbarer Wissenschaft und durch die Aufstellung der Grundsätze des Rechtes und der Staatsverfassung ausschließlich der Menschheit sich zugewendet, und so begegneten sich gleichsam die Verkörperungen der Gottheits- und Menschheitsidee jener Zeit, Humanität und Religion, die beiden Hauptadern menschlicher Bildung.

Da wo mächtige Ströme verschiedener Farbe in einander fließen, sehen wir überall wie sie ihre Eigenthümlichkeit langsam zu einer neuen Mischung ausgleichen, in welcher sie hinfort gemeinschaftlich ihren Weg zum Meere weiter suchen. So geschah es auch, als neben der hellenischen, die christliche Culturströmung in das römische Reich einmündete. —

Die ganze, antike Philosophie war Idee geblieben, der das Leben fehlte. Wohl vermochte sie es, die Welt bis an den Rand der Kluft hinzuführen, die das Ideal von seiner Verwirklichung im Leben trennt, aber aus ihr selbst die Brücke über diese Kluft zu schlagen, hatte sie nicht vermocht. (Schwegler.) Alle Systeme der classischen Philosohie ließen Herz und Gemüth kalt, ohne die Vernunft vollkommen zu befriedigen: sie blieb das Eigenthum Weniger. Namentlich vermochte ihr speculativer Geist nicht, aus seiner kalten Höhe mit belebender Wärme das Bewußtsein des Volkes zu durchdringen, welches gleichwohl von nicht geringem Verlangen beseelt war, unter dem Druck und der Mühseligkeit eines Lebens, das es mehr trug als führte, von einer höheren, versöhnenden Idee aufgerichtet zu werden. Aber auch in den höheren Schichten, in denen ein meist auf die Ausbildung für den Staatsdienst gerichtetes Streben die Bildung des praktischen Verstandes auf Kosten des Gemüthes betrieb, herrschte ein Gefühl innerer Leere. Unbekannt mit der Welt des Herzens, ausgeschlossen von den zarteren Seiten des gemüthlichen Verkehrs, einseitig concret nur als bürgerliches Element der Rechtsstaatsmaschine betrachtet, war das römische Leben in den obern Schichten Herrschaft, in den unteren Knechtschaft. Dem immer drohenderen Zerfall der Weltverhältnisse gegenüber von der Wirklichkeit unbefriedigt, im alten Glauben haltlos, in Zweifel getaucht, eines festen Haltes in dieser losen Zeit bedürftig, schwankte der Bau der menschlichen Gesellschaft auf seinem tief erschütterten Fundament. Die alte Philosophie fühlte ihren Mangel an lebensgestaltender Kraft, ihre Unfähigkeit aus dem eignen Schooße eine Weltreligion für das Bedürfniß der Zeit herzustellen. Wohl war die „Tugend", welche die Stoa an die Spitze ihrer Lehre stellte, die erreichte Idee absoluter, sittlicher Vollkommenheit, ihr „Weiser“ das zur Person gewordene sittliche Ideal. Aber aufgefordert, einen solchen im Sinne ihrer Lehre aus ihrem Schooß hervorgegangenen Mann aufzuweisen, vermochte sie es nicht und an der thatsächlichen Ausführbarkeit ihres Tugendbegriffes, an der Möglichkeit eines durchaus tugendhaften Handelns verzweifelnd, begann die Philosophie zuletzt überhaupt an der Möglichkeit zu zweifeln, auf dem Wege reinen Denkens ihre Aufgabe lösen zu können. Unter diesem Zweifel trat die letzte Gestalt römisch-griechischer Philosophie, in ihrer Hauptform, dem Neu-Platonismus, welcher Rom, Alexandrien und Athen verband, mit dem Grundsatz auf: die vollkommene Vereinigung des Menschen mit der Gottheit lasse sich nicht durch das reine Denken herstellen, sondern nur durch das unmittelbare Schauen der Vernunft, durch Offenbarung, vermöge deren sich der Einzelne in die Tiefe der Gottheit versenke. Das Höchste, lehrt Plotinus, kann nur durch eine unmittelbare Berührung der Seele mit dem Göttlichen, wobei aller Unterschied des göttlichen und menschlichen Seins aufhört, durch ein Schauen (θεᾶσθαι) des Uebersinnlichen gefaßt werden: ein Standpunkt, welcher die spätere Einführung der christlichen Lehre als einer übernatürlichen, göttlichen Offenbarung vorbereitete. — Unsere Seelen bilden sich nicht sowohl aus Vernunftschlüssen, als aus der Anschauung, aus dem theilnehmenden Gefühl. Wir können das an unsern Kindern täglich sehen. Vernunft und Liebe, die beiden Mächte, die vereint die Welt erschufen, erklären sie auch nur vereint. Diese Ahnung der Liebe als Weltmacht, welche die menschliche Gesellschaft zu durchziehen begann, wurde vom Christenthum zur wahrhaften Erkenntniß erhoben. — Ueber den verwitterten Gesetzestafeln des Sinai hatte das Moos seinen stillen Mantel ausgebreitet: zu beweglichem Staube aufgelöst, trieben ihre Buchstaben im Spiel der Lüfte. Rom, dessen stolze Devise es gewesen: fiat justitia pereat mundus, anerkannte längst, daß „summum jus summa injuria“. Unbeglückt in ihrer Gesetzesfurcht und ihrem starren Recht öffnete die menschliche

Gesellschaft ihr Herz dem Hineintreten der Liebe, die von innen heraus dazu treibt, wozu weder Recht zwingt noch Gesetz.

So stieg über dem Alterthum, diesem Nachthimmel voll großer, leuchtender Gestirne, die Dämmerung eines Morgens auf, durch dessen langsam weichende Nebel das Schiff der Zeit der gleichmäßigen Helligkeit des Tages entgegensteuern sollte.

Wohlbewußt, daß es der Geist und nicht der Buchstabe ist, der da zeuget und Leben und unvergängliches Wesen an das Licht bringt, hatte Christus selbst, im Gegensatz zum Schriftgelehrtenwesen seiner Nation, jede Fassung seiner Lehre in ein abgeschlossenes System verschmäht. Wie vor ihm Sokrates, zog er es vor, sie in lebendiger Anwendungs- und Anknüpfungsweise an die augenblicklichen Bedürfnisse der ihm im gewöhnlichen Verkehr innerlich oder äußerlich begegnenden Erscheinungen des täglichen Lebens in die Denk- und Anschauungsweise des Volkes einzuführen, und durch sinnbildliche Einkleidung und parabolische Darstellung die sinnliche Beschränktheit der Menge überwindend, seine Lehre in unmittelbarer, einfach volksmäßiger, der Fassungskraft jedes unbefangenen Verstandes zugänglichen Einwirkung auf Herz und Geist unter allen Ständen und Berufsarten zu verbreiten. Die Folge hiervon war, wie bei Sokrates, daß seine Schüler sich nach seinem Tode genöthigt sahen, seine Lehre zum Zweck der praktischen Ausbreitung und Weitergestaltung in bestimmte Lehrsätze zu fassen, und daß namentlich die späteren Anhänger und Verbreiter, die nicht mehr aus der unmittelbaren Berührung mit dem Geist des Meisters selber ihre eigene, innere Lebensgestalt empfangen hatten, die überkommene Lehre nur nach denjenigen Seiten und in der Weise weiter entwickeln konnten, wie ihre eigne Natur, nach dem Maßstabe ihrer inneren Läuterung und Erleuchtung sie dazu mehr oder weniger befähigte.

Die aus den beiden ersten Jahrhunderten nach Christus erhaltenen Zeugnisse über die Entwicklungsgeschichte des Christenthums zeigen uns, daß nur die einfache, reine Lehre es war, welche zuerst Geltung und Anhang erwarb. Justinus Martyr erkennt die Gotteskraft im Sokrates als identisch mit der in Christus; Melito, Bischof von Sardes (in dem durch Eusebius erhaltenen Fragment) als die vollkommenste Philosophie; Tatian namentlich faßt sie als Volksphilosophie, als „die Weisheit der Armen" im Gegensatz zur bisherigen Gelehrtenphilosophie: die Sekte der Carpocratinianer stellt in ihren Versammlungen noch die Büste des Plato, Aristoteles und Pythagoras neben der von Christus auf. Je mehr aber die, rasch in den Herzen Wurzeln fassende Lehre die Gemüther zu beschäftigen und zu ergreifen begann, desto mehr regte sich, gegenüber der kaum erlebten Erfahrung von der Unzulänglichkeit aller bisherigen, von der Religion getrennten Philosopheme und von dem Verfall der auf ihnen errichteten Systeme, das Bedürfniß, die neue Lehre nun auch als unentreißbares Eigenthum zu erhalten und fest in Herz und Geist der Menschheit einzupflanzen. —

Einsam rauschten die alten Platanen des verlassenen Porticus: noch warf den tiefer denkenden Geistern jener Zeit die verödete Halle der Stoa das Echo des unbeantwortet gebliebenen Rufes nach einem Manne zurück, der das vermochte, was sie forderte — vollkommene Tugend. Zu der Inspiration des Gottmenschen fehlte die historische Erscheinung. — Das Volk aber, kaum hinweggewendet von den Standbildern der Götter und Göttinnen, welche sammt ihren Priestern das tolerante Rom, dessen fester Körper durch das Eindringen zu vieler fremder Substanzen schon in Auflösung begriffen war, aus allen seinen eroberten Ländern im Pantheon versammelt hatte (sendo la maggior parte di loro incerti a quale Dio dovessero ricorrere zum größeren Theile ungewiß, an welchen Gott sie sich wenden sollten, wie Machiavelli sagt), vermochte den großen Schritt zur Anbetung Gottes als des reinen Geistes nicht auf einmal in seinem Bewußtsein zu vermitteln. Von jeher gewöhnt, die Ideen nur in der Form der Personificationen zu empfangen und aufzufassen, zum bildlosen Begreifen weder äußerlich noch innerlich herangereift, dem reinen Begriff von der Gottheit, diesem Höhepunkt menschlicher Natur und Vernunft, noch nicht zugänglich, konnte es in der Verkündigung einer einfachen, bloßen Lehre über sein Verhältniß zu Gott und zu einer höheren, unsichtbaren Welt, kein hinreichendes Genügen, keine Bürgschaft des Glaubens finden. Das der menschlichen Gesellschaft aller Zeiten innewohnende Bedürfniß, an die Rechtmäßigkeit der sie beherrschenden Ideen und Mächte zu glauben, findet seine höchste und einzige Genugthuung immer erst in dem, je nach dem Grade der Civilisation sinnlicher oder vergeistigter aufgefaßten Glauben an ihre unmittelbare, göttliche Verordnung und Einsetzung. Eine, des Lesens und Schreibens unkundige Menge, die aller Mittel entbehrte, durch welche die Ideen und Meinungen der Zeit verbreitet werden, sich unabhängig in den Gemüthern behaupten und zur geistigen Macht gestalten können — eine solche, zu allen Zeiten vorhandene Masse, deren Begriffe noch nicht viel höher reichen als ihre physische Existenz, deren intellectueller Gesichtskreis von ihrer eignen Persönlichkeit begrenzt wird, die, in roher Ursprünglichkeit von ihren Leidenschaften und Begierden beherrscht, noch nicht innerhalb des gemeinschaftlichen Besitzes eines gewissen Schatzes von Ideen und Kenntnissen steht, welche ihr an sich schon zu einer gewissen geistigen Vereinigung dienen würden — diese ganze, geistig tiefer gelegene Schicht der menschlichen Gesellschaft ist, so lange sie vorhanden, zu allen Zeiten unfähig sich an eine einfache Lehre mit einfachen Vorschriften, an bloße Ideen oder Schriftzeugnisse zu halten. Der Stoff, der von ihr aufgenommen werden soll, muß plastisch verkörpert, die Lehre, an die sie glauben soll, muß in übernatürlichen Gestalten ihrer Verkündiger, umgeben von Zeichen und Wundern, von der Gottheit selber eingesetzt und verordnet, in sinnenüberwältigender Erscheinung an sie herantreten.

Sollte bei einem solchen Bedürfniß der Zeiten und auf einer

solchen Stufe der Civilisation die neue Lehre nicht Gefahr laufen, im Strom der Dinge wieder verloren zu gehen, so mußte auch sie in Symbole gehüllt und auf der einen Seite aus der rein menschlichen möglichst in die göttliche Sphäre entrückt werden, während auf der andern Seite das Bedürfniß der sichtbaren und fühlbaren Annäherung des göttlichen an das menschliche Leben, nach der Gottesanbetung unter der Form eines sichtbaren, persönlichen Wesens verlangte. — In dieser Weise gestaltete sich die Idee des Gottmenschen zur Hypostase (corpus religionis), Christus zum in Erscheinung getretenen, übernatürlichen Gottmenschen, zur in ein historisches Subjekt verkörperten Gottheit und der Schwerpunkt der christlichen Bewegung ging mit jener eigenthümlichen Lebhaftigkeit, mit welcher die Welt zu allen Zeiten zum Extremen überzugehen geneigt ist, von der einfachen Lehre auf die Person Christi und von dort zu einem eigenthümlichen Haften an der Körperlichkeit, dem „Leibe des Erlösers," über, dessen Erscheinung vom Engelsgesang in der stillen Sternennacht seiner Geburt bis zum Aufruhr der Elemente in der Stunde seines Todes mit übernatürlichen, Himmel und Erde in Bewegung setzenden Weltkräften umgeben, und dessen, während seines Lebens so klar und so einfach aufgetretene Persönlichkeit in immer spitzfindigeren Untersuchungen über ihre gottmenschliche Natur bis tief in die scholastischen Zeiten hinein mit denselben mysteriösen Schleiern verhüllt und der reinen Menschlichkeit entzogen ward, wie es mit allen hervorragenden Geistern und Führern der menschlichen Gesellschaft zu ergehen pflegte. — Der Vorgang der Vergötterung selbst hört auf unnatürlich zu erscheinen, wenn wir uns erinnern, daß bei dem Mangel an Organen für die weitere Ausbreitung des Geistes, die Lehre selbst in jener Zeit überall an der lebendigen Persönlichkeit des Lehrers haftete, und daß die Person des Lehrers allein, sein persönliches Wort, seine Lehre verkörperte. Ueberdies ist es bekannt, daß es zu jenen Zeiten üblich war, große menschliche Erscheinungen unter die Götter zu versetzen und ihnen göttliche

Ehren zu erweisen: so hatten die Imperatoren schon Christus unter ihre Laren aufgestellt, und das Concilium, welches die Gottheit Christi zum Dogma erhob, that nicht viel anderes, als was die Pontifices wiederholt vor ihm gethan hatten, als sie ihre Kaiser und ihre Großen unter die Götter aufnahmen, wie die Kirche heute noch ihre großen Lehrer und Bekenner unter die Heiligen versetzt*).

Während in dieser Weise die eine Seite der Aufgabe, nämlich das volle Gewicht göttlicher Autorität auf die Person Christi zu legen, bis zu deren menschlicher Unkenntlichmachung hin ausgesponnen wurde, ging die andere Seite, die Feststellung und Fassung seiner Lehre für das Bewußtsein der menschlichen Gesellschaft, für die Verbreitung und corporative Darstellung desselben einen ähnlichen Gang in der Entwickelungsgeschichte der christlichen Kirche.

Hatte die Lehre Christi, den starren jüdischen Priesterinstitutionen gegenüber die, den ersten Christen so wichtige Idee von dem allgemeinen Priesterthum aller Menschen betont und damit dem ausschließlichen Priesterwesen aller übrigen Religionsgesellschaften eine nicht mehr in weltliche und geistliche Glieder zerfallende Gemeinde als den wahren Gottesstaat gegenübergestellt; so vermochte die Constituirung der christlichen Gemeinde in dem Maße als sie neben dem fest an das Priesterthum gebundenen römischen und jüdischen Cultus eine staatsbürgerliche Bedeutung zu gewinnen begann, der Anknüpfung an die bestehenden hierarchischen Verfassungszustände sich nicht zu entziehen. Die auf gemeinschaftlichen Glaubensanschauungen und Lehrüberzeugungen frei gegründete, christliche Religionsgemeinde, in deren Versammlungen zu gemeinsamer Andacht es ursprünglich Je-

---

*) Bei den Ausgrabungen in den Catacomben haben die ältesten christlichen Kunstdenkmäler überall nur Christum als den „guten Hirten" dargestellt gezeigt; ein Beweis, worauf damals der Cultus sich bezog. — Erst im 6. Jahrhundert wurde dieses Bild durch Pabst Agathon verdrängt, welcher den „gekreuzigten Christus" an seine Stelle setzte, und es darf hier gleichzeitig erinnert werden, daß erst Anselm von Canterbury am Ende des 11. Jahrhunderts das Dogma von der stellvertretenden Genugthuung Christi ausbildete.

dem, den Geist und Herz trieben, frei stand das Wort zu Predigt und Lehre zu ergreifen, über deren Constituirung, deren Aeltesten- und Vorsteherwahl, über deren Lehre selbst die Gesammtheit der Gemeinde entschied, die keinen Unterschied zwischen geistlichen und weltlichen Gliedern kannte, — diese nahm mit dem Uebergang aus dem freien christlichen Gemeindeleben in eine christliche Kirche, mit dem Uebergang aus ihrem ursprünglichen Charakter einer Volksreligion in eine Staatsreligion allmählig immer mehr die theocratischen und hierarchischen Züge der alten Religionssysteme an.

In den ersten Zeiten dieser Uebergangsperiode finden wir die über Morgen- und Abendland hinaus zerstreuten Gemeinden, unabhängig von einander, unter ihren Aufsehern (ἐπίσκοποι) sich nach Sitte, Leben, Denkweise und Bedürfniß so vieler, nach Lage und Himmelsstrich unter einander verschiedener Länder ordnend, wie es für jede Eigenthümlichkeit passend, förderned und erbauend war. So gestaltete sich dieselbe Sache in verschiedenen Ländern und nach verschiedenen Gemeindeindividualitäten von selbst in ihrem Ausbau verschieden: bis, nach vergeblichen Versuchen zur Herstellung der alten Staatsreligion, nach blutigen und grausamen Christenverfolgungen die kaiserliche Politik sich des erst vergeblich bekämpften und unterdrückten, dann durch ein Toleranzedikt gestatteten und immer mächtiger in allen Classen der Bevölkerung um sich greifenden Principes bemächtigte, um damit zu herrschen, und Constantin der Große, weniger dem Drange seines Herzens, als dem Drange der Politik folgend, das Christenthum zur Staatsreligion erhob. Von da ab führt eine, zwar aus dem Volk sich erneuernde, aber baldmöglichst von ihm als bevorrechteter, heiliger Stand hervorgehobene und abgesonderte, durch eigene Einkünfte, Gerichtsbarkeit und Verfassung unabhängig gestellte, von oben her eingesetzte und immer vollzähliger gemachte Geistlichkeit mit bestimmter Abstufung der verschiedenen geistlichen Aemter allmählig die entscheidende Stimme und ein Kirchenregiment beherrscht die Gemeinde. In Provincial-, National- und allgemeinen Synoden stellt dieser neue Stand, ein neuer Stamm Levi, den Glauben durch gebieterische Dekrete fest. Durch Ordnung und Disciplin in sich selbst erstarkend wächst dieser „Clerus“ zwischen den weltlichen Machthabern und den Völkern als eine von beiden unabhängig constituirte Gesellschaft hervor, welche mit überlegener Verstandesschärfe und charaktervollem Willen vom Boden ihrer Freiheit aus Beide mit ihrer Herrschaft zu überranken beginnt. Mit tiefberechneter Menschenkenntniß vor allem die Gefangennahme der Vernunft unter den Glauben als das Haupterforderniß kirchlicher Machtentfaltung über die Gemüther erkennend, wurde die Religion von ihnen aus einem Gemeingut aller Gläubigen, zu einem der Geistlichkeit allein und ausschließlich angehörenden Gebiet, zum Priestermonopol gemacht, der Zutritt zu den Quellen der christlichen Lehre verschlossen und verboten, Lehrsätze über die menschliche Natur, Vorschriften der Moral und kirchlichen Verhaltens, Verheißungen ewigen Lohnes und Drohungen ewiger Strafen in Fegefeuer und Hölle als Glaubensartikel aufgestellt, über deren Annahme der Gemeinde kein Recht der Prüfung, kein Recht der Meinungsäußerung mehr zusteht und Alles zum todeswürdigen Verbrechen des Ketzerthums gestempelt, was im menschlichen Geist außerhalb der Mauern auftauchen will, welche Kirche und Clerus um ihn und zwischen ihm und seinem Gott, dem Vater Aller, aufzuführen rastlos bemüht sind. So den Genuß der christlichen Lehre den Gemüthern zu ihrem eigenthümlichen Gebrauch entziehend, den Glauben in ein Monopol positiven Wissens, in eine absolute Religion verwandelnd, und sich zum Richter über Vernunft und Gewissen aufwerfend, durch immer weiter greifende Ausübung der ihm übertragenen Kirchenzucht Schritt vor Schritt in die intimsten Stätten menschlicher Selbstbestimmung vordringend, giebt es für diesen Clerus bald Nichts mehr, was er nicht mit seinem Netz zu überspinnen gewußt hätte. Vernunft und Gewissen der Botmäßigkeit der Kirche unterjochend, deren Herrschaft über die Welt sie selbst zu Herren der Welt machen sollte, trat eine herrschsüchtige Priestergesellschaft an die Stelle der demüthigen Jünger Christi und der geistlichen Führer der Gemeinde dessen, der da gesagt hatte: „mein Reich ist nicht von dieser Welt." Die Masse aber, selbst zu denken noch wenig fähig, zufrieden daß sich über ihren Häuptern eine Kirche baute, die ihr versichert, kraft besonders auf sie vererbter Machtvollkommenheit und aus dem Munde der Apostel übertragener göttlicher Sanction im alleinigen Besitz des Heils, der allein wirksamen Fürbitte bei Gott und der Sündenvergebung wie der Strafgewalt zu sein, geht, ein kaum der körperlichen Leibeigenschaft entkommener Sclave, unprüfenden Sinnes, auf Treu und Glauben, unter das Joch der geistigen Leibeigenschaft, das ihm die Kirche auf den Nacken legt. —

Mit der innern Entfremdung von den wahrhaft christlichen Tugenden der Einfachheit und Demuth wächst auch die äußere. Die Pracht und das Gepränge, mit denen Constantin seine Hauptstadt, seinen Hof, seine Person umgab und die Masse der Ceremonien, die das byzantinische Reich zum China des Abendlandes machten, gehen auch, sich mit römischem und jüdischem Ritual vermischend, allmählig auf die neue Staatsreligion über. Das in den mitternächtigen Zufluchtsstätten der Catacomben und Crypten aufgewachsene Kind wird dem vollen Sonnenschein des kaiserlichen Hofes ausgesetzt. Bald wird, statt jener einfachen, zum Gedächtniß des Stifters der Religion von ihm selbst eingesetzten Feier, in prächtigen Domen und Cathedralen, vor kostbar in Marmor und Erz ausgeführten, von Kerzenschein überflutheten und von Weihrauchwolken umzogenen Altären — von in Gold- und Silberbrocat prächtig gekleideten Priestern, die in edelsteinbesetzter, kunstvoll ciselirter Monstranz gefaßte Hostie im halb beleuchteten, halb verhüllten mystisch-thearchischen Prozesse in den „wahrhaftigen Leib Christi" verwandelt. Wachsende Bilder und Symbole vertreten die Stelle der einfachen Lehre, deren frisches Reis, in Heiligenschreine eingesargt, mit Hieroglyphen überschrieben, nach dem Vorbild des egyptischen Mumificationsprozesses behandelt wird.

Einmal eingebürgert, überbaut die Kirche die Erde mit ihren Häusern, bevölkert sie mit ihren Jüngern, schneidet sich ihre bald prunkenden, bald einfachen Gewänder zu, schmiedet sich ihre bald geistlichen, bald weltlichen Schutz- und Trutzwaffen, und im Bilde des hochthronenden, glorieumflossenen, von Engelschaaren umschwebten Gottvaters, den Heiland zu seiner Rechten, vom dreifach übereinander gereihten Halbkreis der Erzväter, Apostel und Heiligen umgeben — läßt die Malerei in den Werken späterer Zeit den Widerschein des frommen Farbenreichthums der Kirche, sich am Himmel selber zurückspiegeln. Scrutari non licet superna mysteria.

Begünstigt vom Gange der Ereignisse und, als wäre Macht und Herrschaft magnetisch an den Geist gefesselt, der den schicksalsreichen Boden der ewigen Stadt bewohnt, ergreift Rom nach dem Sturz der kirchlichen Metropolen von Alexandrien, Antiochien und Byzanz von Neuem das Ruder Europas, das abgetragne weltliche Gewand nur wechselnd, um es mit dem geistlichen zu vertauschen. Mit sicherem Blicke die neuen Träger der neuen Weltgestaltung erkennend, verläßt es seinen rechtmäßigen Herrn, den griechischen Kaiser, und schüttelt den wankenden Bau des abendländischen Reiches von sich ab, um den Majordomen zu huldigen, sich an die Erben der altrömischen Weltherrschaft zu heften und unter Karl dem Großen das Pontificat mit der Kaisermacht der neuen Zeit zu alliiren. Noch wählt der weltliche Herrscher den geistlichen. Aber bald richtet sich ein erstarktes Papstthum aus seiner demüthig gebückten Stellung auf, zeigt offen die stolzen Züge des herrschsüchtigen Angesichts, befreit sich von Kaiser und Reich, hebt die kaiserliche Investitur der Bischofsämter auf, und die Macht, die früher dem römisch-griechischen, dem fränkischen, dem deutschen Kaiserthum unterthan war, wird seinesgleichen, bald sein Herr; bereit, Europa zu einem Priesterstaat zu machen, wie es einst Egypten gewesen. Der Papst wächst empor zum Stellvertreter Gottes auf Erden, zum Statthalter Christi, zum Vater der Christenheit, zum Hüter der Schlüssel Petri, mit der Gewalt zu binden und zu lösen im Himmel und auf Erden, zum Oberhaupt einer unfehlbaren, allein selig machenden Kirche. Die Herrschaft seiner Priester im Volk hat eine Herrschaft über die Gemüther der Zeit für ihn begründet, daß vor seinem Bannstrahl Kronen schmelzen. In seiner Hand stürzen die Waffen der christlichen Fürsten den Halbmond von den maurischen Zinnen, erobern Jerusalem, treiben die opfernden Druiden von ihren heiligen Eichen hinweg an den Meeressaum der nordischen Wälder zurück. Hymnen singend, mit voraufgetragenem Kreuz erscheinen die Apostel des Pontifex maximus jenseits der Mauern Hadrians. — Die Weltherrschaft des Romanismus war aus der weltlichen in die geistliche Form übergegangen. —

Im Innern der so gestalteten Kirche aber sehen wir in dem Maß ihrer zunehmenden Verweltlichung auch den Geist des reinen Glaubens und der reinen Lehre sich immer mehr abschwächen: die einfachen und erhabenen Gotteslaute, die aus den ersten und ältesten Zeiten der Kirchenväter zu uns herüberdringen und die dem Gottesgeiste selber abgelauscht zu sein scheinen, brechen ab und verstummen. In eine zahllose Masse falscher Folgerungen sich verlierend, ist die ursprüngliche Lehre bald nicht mehr wieder zu erkennen; alle vom heiligen Geist erleuchtete Concile trugen nur dazu bei, sie dem Blick der menschlichen Gesellschaft immer mehr zu verdunkeln. Dem fest in Gott gegründeten Mannessinne, mit dem sich jederzeit eine starke, nach Außen hin wirkende Kraft des Gemüthes paart, wurde immer drängender die Ertödtung alles eignen Willens, gänzliche Verachtung der Welt, Reuethränen und Gnadengebete vorgeschrieben und der Schwerpunkt des Glaubens wurde, das Diesseits nur nebenher betrachtend, auf die Versenkung in die seraphische Sphäre des Jenseits verlegt, dessen Hüterin und Schlüsselbewahrerin die Kirche war, in welches mithin Niemand gelangen konnte, der ihr im Diſſeits nicht vollkommenen Gehorſam leiſtete. — Unter dem Einfluß dieſes im Innern herrſchenden, ſinkenden Geiſtes erhoben ſich aber, während nach Außen hin Alles zum Vortheil der Kirche, ihrer Größe, Macht und Herrſchaft ſich zu wenden ſchien, in ihrem eignen Schooße anfangs vereinzelte (Erigena, Roscelin, Abälard u. ſ. w.), ſpäter zahlreichere Stimmen (die Albigenſer, Wiclef u. ſ. w.) mit Forderungen der Reform. Die Kirche antwortete, indem ſie Huß und Hieronymus von Prag zum Tode auf dem Scheiterhaufen verdammte. Die Funken, die es dort gab, flogen über die Welt und entzündeten einen Brand, den Rom nie wieder zu löſchen vermocht hat.

Die Vorſehung, welche niemals duldet, daß eine einzige Kraft dieſer Erde ein langdauerndes Uebermaß ausübt, hatte unterdeſſen die vergeltende Gegenkraft des Geiſtes einer fern entlegen geglaubten Zeit zum Kampfe gegen dieſen Geiſt der Ausartung auf den Wahlplatz herangeführt. Unbefriedigt auf die ſich immer mehr verwirrenden Begriffe und Formen ihrer Zeit blickend, gedrückt von dem Denkzwang und der ſcholaſtiſchen Verſchränkung der herrſchenden Kirchentheologie, die alles freie Wachsthum des Geiſtes mit der Scheere des Dogma beſchnitt', hatten ſich die tieferen Denker Italiens der Wiederaufſuchung der griechiſchen und lateiniſchen Handſchriften, dem Studium der politiſchen Einrichtungen, Geſetze und philoſophiſchen Meinungen der antiken Geſellſchaft wieder zugewendet und eine ſogenannte claſſiſche Schule, die Prälaten, Rechtskundige und Männer der Wiſſenſchaft zu ihren Mitgliedern zählte, hatte die Beſchäftigung mit dem Geiſt der alten Welt erneuert. Die Wanderung der flüchtigen Griechen nach Italien, die Niederlaſſung der ſeit Julians Zeiten vom italieniſchen Boden verbannt geweſenen griechiſchen Philoſophen und Gelehrten, die gaſtfreie und begeiſterte Aufnahme, die ſie an den italieniſchen Höfen (der Mediceer u. a.) fanden, die Menge der Handſchriften, Commentare und Mittel, die ſie zur Erforſchung der claſſiſchen Civiliſation mitbrachten, begannen ganz Italien zu erfüllen, und mit dem Geist einer längst untergegangenen Geschichtsepoche zu durchdringen. Setzen wir hierher das schöne und lebensvolle Bild, welches uns Droysen in seiner Geschichte der preußischen Politik von der Bewegung entworfen hat, welche diese Zeit im deutschen Geiste hervorrief: „Auch sonst schon hatte man in Deutschland die alten Classiker, wenigstens die römischen, gelesen, hatte sich an ihren schönen Historien, an ihren klugen Aussprüchen erfreut. Aber jetzt erst öffnete sich das geistige Auge für das Alterthum und dessen hohe Bildung. Es begannen die humanistischen Studien. Mit dem Entzücken, eine neue Welt der Gedanken sich erschließen zu sehen, ergriff man sie. Man lebte sich in diese Welt ein, erfüllte sich mit ihr; man lernte in einer völlig neuen Weise denken und empfinden. Man blieb nicht, wie in Italien, bei dem Genuß und der ästhetischen Nachahmung des Alterthums, man ward inne, daß man in diesen Studien eine neue Kraft habe und erzeuge, eine Kraft, die zu den höchsten praktischen Zwecken verwendbar sei. In diesem Sinne machte man sie zum Mittelpunkt der Jugenderziehung. Man sah, wie aller Orten Entartung und Verderbniß herrsche und das wahre Wesen der Dinge vergessen sei, man erkannte, daß man zu diesem zurückgehen, aus ihm des bürgerlichen und staatlichen Wesens, des christlichen Standes Besserung schaffen müsse. Es ward der Kunst, „richtig von den Dingen zu denken," nach der Schrift des Agricola besondre Pflege zugewandt; richtig denkend, ward man des Wesens der Dinge mächtig, der wahren Quelle aller Besserung. Schon trat auch das Studium der allgemeinen Geschichte hinzu; in ihr erkenne man Gott und seine Gerichte; man sehe, daß er die Reihenfolge der Monarchieen geordnet habe, die Wächter der menschlichen Gesellschaft, die Erhalter des Rechtes, der Ordnung, des Friedens zu sein, damit dem Menschen Gott gelehrt werden könne. In solchem Geiste ward gelehrt und gelernt. Nicht diesem oder jenem der politischen Stände insbesondere gehöre das Neue an; aber in alle drang es ein und hob die Einzelnen, die es ergriff, über die Schranken und Vorurtheile, in die sie hineingeboren waren. Immerhin mochte mit den alten Formen auch manches feste Band lose werden, mit den neuen Erkenntnissen sich mancher Uebermuth und Ueberreiz einstellen, unendlich viel mehr war, daß einmal die Herzen für große und allgemeine Zwecke schlugen, sich über die engen Sonderinteressen, die sie so lange beherrscht und getrennt hatten, erheben lernten. In dieser Begeisterung, in der Macht der Ideen, denen man sich hingab, gewann man ein neues Band der Gemeinschaft, neue Kräfte zu neuen Aufgaben. — Man hatte, so ward mit Jubel verkündet, das Geheimniß der so lange vergebens gesuchten Reform; man hatte es in den Studien, wie man es damals nannte, in der Aufklärung, wie es jetzt heißen würde. Mit dem Gedankenausdruck der classischen Welt und ihren Idealen, mit der Kunst des richtigen Denkens und dem Verständniß der Geschichte trat man den gewordenen Wirklichkeiten, in deren Mitte man stand, gegenüber, als sei man außer ihnen, forderte von ihnen, daß sie nach diesem Maß sich messen, nach diesen Erkenntnissen sich wandeln sollten. Noch waren die Dinge zeitlich wie weltlich in ihrem alten Wust; aber der Glaube, daß es so sein müsse, nicht anders sein könne, war dahin. Was sollten noch diese wüsten, verworrenen, unwahr gewordenen Zustände, diese hierarchischen und feudalen Zerrbildungen und Phantasmen, die an Geist und Mark der Nation zehrten? einfach, wahr, menschlich sein wie jene großen Alten, in Tugend, Freiheit und Vernunft das Leben gestalten und adeln, so in dem rein Menschlichen das wahrhaft Christliche wieder herstellen und im Christenthum das Menschliche verklären und vollenden, das war das Ziel, zu dem man streben zu müssen schien: „Wir sind lange genug in der Finsterniß verfault und verdorben, lasset uns auch einmal der Vernunft gebrauchen, daß Gott merke die Dankbarkeit seiner Gaben.“

Dazu gesellte sich ein in politischer, kirchlicher, wissenschaftlicher, literarischer und in jeder andern Hinsicht an Anhäufung von Erweiterungsmaterial der Geister sowohl für ihre Beziehungen zu einander als zum Staat, zur Kirche, zur speculativen Erkenntniß reiches Zeitalter.

Dem mit der neuen europäischen Culturepoche aufgetauchten Conflikt des römischen mit dem christlich-germanischen Geiste entsprang die Reformation.

Aber auch sie blieb nur ein in der Tiefe seiner Bestimmung unerfaßter und deshalb unvollendeter Befreiungsversuch der Selbstständigkeit menschlicher Vernunft gegen den geistlichen Despotismus — ein Versuch, jenen Eruptionen ähnlich, in denen der feuerflüssige Erdinhalt, in sich noch nicht zum vollen Ausbruch fertig, die bedeckende Rinde hier und da, seine eigne Kraft und ihren Druck prüfend, emporhebt bevor er sich den rechten Moment und Ort wählt, um frei und siegreich in vollem, himmelanstrebenden Strome aus seiner dunklen Tiefe zum hellen Licht des Tages emporzusteigen. Nicht von dem unbedingten Princip der Denk-, Gewissens- und Glaubensfreiheit, sondern von dem engeren Gesichtspunkt einer innerhalb der römischen Kirche nothwendigen Reform und der Befreiung vom Joch päpstlicher Zwingherrschaft ausgegangen, ließ die Reformation die tiefere Forderung der Zeit unerfüllt. Denn der eigentliche Hintergrund der gesammten geistigen Bewegung der germanischen Völkerfamilie wies, wenn wir nicht irren, vor Allem auf die Grundidee einer selbstständigen Gestaltung und Erneuerung des christlichen Glaubens im germanischen Geist, auf eine unmittelbare Ueberleitung der christlichen Kirche romanischer, in eine christliche Kirche germanischer Nation. Unter der, ihr seit Jahrhunderten übergeworfenen römischen Decke hatte sich allmählig in Geist und Gemüth der deutschen Völkerfamilie eigne, innere Selbstständigkeit der Glaubensüberzeugungen entwickelt und tief in den Nationalcharakter hineingelebt und verwebt. Hierin aber ihre Zeit und deren Bedürfniß nur halb verstehend, außerdem politisch gedrängt und zwischen der selbst heraufbeschworenen Bewegung und den ungeheuren

Dimensionen stehend, die sie annahm und deren Ende sie nicht absahen, weil sie ihre tieferen Anfänge nicht erfaßt hatten, vermochten die Reformatoren die große religiöse Frage des deutschen Geistes auch nicht ihrer vollen Lösung entgegen zu führen.

Die Reformation stellte die Bibel an die Spitze der Kirche. —

Das ursprüngliche Princip der katholischen Kirche, ausgezeichnet durch die vollkommenste Folgerichtigkeit aller seiner ersten Ideen, aber im Lauf der Zeiten unter dem Andrange der immer weiter und weiter fragenden und immer schwieriger dogmatisch zu befriedigenden Menschheit entstellt, hatte auch die ganz richtige Stellung zur Bibel. Sie hielt dieselbe für ein in den organischen Zusammenhang des christlichen Religionsaufbaues sich natürlich einreihendes Glied, von welchem sie indeß mit Recht behauptete, daß aus ihm einzig und allein die christliche Religion keineswegs ganz und vollständig erschöpfend gezogen und erwiesen werden könne, sondern daß vielmehr das lebendige Wort der Kirche, der wahrhaftige Geist der Auslegung, der Zusammenhang mit der Tradition und noch vieles andere, dem Laien nicht unmittelbar zu Gebote stehende Material hinzugehöre. Von diesem mit der Vernunft aller Zeiten in vollem Einklang zu erhaltenden Standpunkte aus hat sich die katholische Kirche mit Recht über die Bibel gestellt, und wenn sie, von da aus, anstatt dem Zuge einer absoluten Autokratie über die Geister, vielmehr sich dem wachsenden Geiste der Erkenntniß der Menschheit anschließen wollte, so ist keines ihrer Grundprincipien zu eng, um sie daran zu verhindern. —

Die Reformatoren, indem sie die Bibel an die Stelle der ursprünglichen ersten Constitutionsakte der christlichen Gemeinde, der Regula fidei setzten, welche den Inbegriff des in der Gemeinde vor Herstellung und Zusammensetzung der neutestamentarischen Schriften geltenden Glaubensbekenntnisses ausmacht, isolirten damit die Bibel auf eine kritisch und historisch nicht zu rechtfertigende und unfehlbar Verwirrungen verbreitende Weise. Das neue Testament war unter der Leitung der Regula fidei durch Sichtung, Aufnahme oder Verwerfung der in der ältesten Gemeinde cursirenden Schriften erst als Canon der allgemeinen Kirche zu Stande gekommen und diese Dokumente selbst hatten ursprünglich nur den Werth von Beglaubigungsschreiben für die Richtigkeit der Kirchenlehre — das alte Testament war nichts Anderes als das Schriftdenkmal der israelitischen Religionsgeschichte, — (Religionscodex, wie das corpus juris für Gesetz und Rechtspflege), Verhältnisse, die früher oder später mit kritischem Ernst zur Sprache kommen, und einen allein auf beide Schriftzeugnisse sich basirenden Glauben ernstlich bedrohen mußten.

Die Reformatoren aber gaben dem Volke die aus ihrer historischen Verbindung, also aus ihrem Sinn herausgerissene Bibel etwa mit den Worten: Hier! dies ist die einzige und alleinige, von Gott selbst geoffenbarte, von ihm selber dictirte Handschrift, in welcher Alles steht, was zur Seligkeit nöthig ist. Nehmt! wir legen den euch bis dahin entzogenen und unrechtmäßig vorenthaltenen Schatz in eure Hände; verwaltet ihn selber mit eurem Geist und Herzen! Les't! sucht euch selbst daraus den wahrhaft seligmachenden Glauben! — aber, Eins wisset! ihr dürft von diesem Buche nun weder nach rechts noch nach links abweichen! braucht eure Vernunft, so viel ihr wollt, aber da, wo sie aufhört mit der Bibel übereinzustimmen, da gebietet ihr Halt, da muß sie unter den Glauben gefangen genommen werden an das Wort, das da geschrieben steht.

Das hieß allerdings nichts Anderes, als daß dieselbe Bewegung, welche auf der einen Seite den menschlichen Geist für frei und berechtigt erklärte, selbstständig und aus eigner Kraft die Lehren und Meinungen zu prüfen, welche ihm bis dahin von der kirchlichen Autorität allein waren vorgeschrieben worden, — ihn auf der andern Seite aus den kaum hinter ihm gefallenen Schranken des Dogmenglaubens in die neu vor ihm aufgezogenen des Wortglaubens hineinnöthigen sollte, und daß auf diese Weise das Wesen und Princip des Geistes von vornherein auf den Boden innern Widerspruches mit sich selbst gesetzt wurde.

So konnte es denn auch nicht fehlen, daß in das Gefühl der immer dankbarer empfundenen Wohlthat der Erlösung von der Geistessclaverei der ausgearteten, katholischen Kirche sich dereinst die Wahrnehmung einer für die freie Ausdehnung und Weiterbildung des Geistes zu eng gegriffenen Grundlage der aus der Reformation hervorgegangenen, neuen Kirche mischen würde. —

Von großen Entdeckungen begünstigt, begann der Geist der Menschheit in immer weiter sich ausdehnenden Kreisen an der Erkenntniß seines eigenen und des Wesens der Welt zu arbeiten. —

Die Philosophie, die wir an der Uebergangsgränze aus der antiken in die mittelalterliche Welt nach den höchstmöglichen Anstrengungen des verstandes-wissenschaftlichen Denkens zur Ergründung des Verhältnisses zwischen Gott, Welt und Mensch in gänzlicher Entmuthigung sich von ihrem uralten Wege das Wesen der Dinge durch Vertiefung in die Natur zu erklären, interesselos abwenden und die alte, feste Gewißheit, in der Natur ein Wesen unsresgleichen zu erkennen, aufgeben, sich mit einer vom mystisch-ecstatischen Schauen ausgehenden Speculation in die Labyrinthe der Scholastik verirren, und von dort sich in der Wiederaufnahme des classischen Geistes restauriren sahen — sie schlägt, von großen Entdeckungen im Himmels- und Erdraum neuerweckt, das Buch der Natur wieder auf, um in denkender Betrachtung die Gesetze des Geistes in den Gesetzen der Natur zu erkennen. —

Columbus und Magellan zeigen der staunenden Menschheit die wahre Gestalt der Erde; aus dem Dunkel dreißigjähriger Nachtwachen bringen die Ergebnisse der Forschungen zu Tage, in denen Copernicus auf seinem einsamen Stifte zu Frauenburg zuerst die Bewegung der Erde um die Sonne erkannte; Newton entdeckt, das Werk kühn vollendend, die Ursache der Gesetze. Das raumdurchdringende Fernrohr löſ't die feste Himmelswölbung in die unendlichen Tiefen eines weltentragenden Luftraums auf, in welchem allmählig unsre Erde, aus dem Mittelpunkt des sie umkreisenden Himmels gerissen und selbst in ihn aufgenommen, als freischwebender, durch unsichtbare Kräfte getragener und gleichzeitig mit ähnlichen, nur in verschiedenen Höhen, Tiefen und Abständen der Bahnen, dieselbe Sonne umkreisender Weltkörper erkannt wird. Von dem zuvor im Begriff der Menschen innegehaltenen Mittelpunkte der physischen Welt hinweggewiesen, empfängt die Erde, ein Planet unter den Planeten, gleichsam erst ihr kosmisches Selbstbewußtsein im Geiste ihrer Bewohner. Der Erd- und Luftkreis mit seinen Kräften, die Geschichte der eignen planetarischen Anfänge des Erdkörpers erschließen sich dem Forscherblick des Menschen. Die Schöpfung ist nicht mehr ein isolirter Akt, sondern ein durch unabsehbare Zeiträume hin sich langsam und stetig entfaltender Theil der Gestaltung und Entwicklung unseres, von unzählbaren ähnlichen umgebenen Sonnensystems. — Aus dem engen, wohnlichen Umkreis der Erde ergießt sich die Gottheit in ein unermeßliches Universum von Welten.

Kühn tritt die Gestalt des neuerwachten Geistes vor den Geist biblischen Offenbarungsglaubens mit der Frage hin: wie nun? ist dieser neue Himmel, der sich da vor mir geöffnet hat, dein Jenseits? ist diese neue Erde, die nicht mehr der physische Mittelpunkt des Weltalls ist, wie du es uns gelehrt hast, noch immer der Mittelpunkt der höchsten Thatsache Gottes, seiner Menschwerdung auf ihr in der Gestalt seines uns erschienenen Sohnes? oder haben wir etwa in den durch dich empfangenen Lehren die höchsten Wahrheiten für die Erkenntniß unseres Geschlechtes überhaupt nur in symbolischer Umhüllung überliefert bekommen? — Aus der Sicherheit und Unbefangenheit des alten Ueberlieferungsglaubens aufgestört, lebt in der neu aufgeschlossenen Welt der Erscheinung eine neue Welt von Gedanken auf und aus dem Zwang der alten Formen zur Freiheit höherer Ordnungen von Begriffen übergehend, lernte der Mensch in den Gesetzen des Denkens die Gesetze des Daseins erkennen. Vergebens machte alsbald die Kirche sich auf, um mit der Gluth des Scheiterhaufens und der Asche der Gebeine seiner Verbreiter den neuen, gefährlichen Geist im Keime zu ersticken; vergebens verbrannte sie Giordano Bauer, zog Galiläi vor das Tribunal der Inquisition und ließ ihn im feierlichen Bußaufzug das Copernicanische Weltsystem abschwören; vergebens protestirte auch Melanchthon gegen die unbiblische Entdeckung. Nur der Irrthum, nicht die Wahrheit ist besiegbar. Und als endlich, kaum glaublich zu sagen, daß es im zweiten Decennium des 19. Jahrhunderts geschah, Rom selbst das Verbot auslöschte, welches bis dahin noch immer auf der von der Kirche als ketzerisch und irrig verworfenen Lehre der Bewegung um die Sonne gelegen hatte, fand die Kirche sich längst einem, inzwischen unabhängig von ihr erstarkten und befestigten Geiste frei denkender Betrachtung, dem Vorläufer einer neuen Aera des Weltgeistes von Angesicht zu Angesicht gegenüber.

Es kann hier, wo es uns nur darum zu thun ist, die Verbindung der großen Umrisse und Perspectiven darzustellen, in denen die Geistesgestalt des menschlichen Geschlechtes aus dem Hintergrunde der Zeiten heraustritt, unsere Aufgabe nicht sein, von hier aus die Geschichte der einzelnen theologischen, philosophischen und wissenschaftlichen Leistungen und Richtungen weiter zu verfolgen: wohl aber sind wir hier zur Stelle angelangt, das Ergebniß der denkenden Betrachtung zusammen zu fassen, welche die religiös ergriffenen Geister seit jener großen, geistigen und räumlichen Reformationsepoche bewegt und in immer steigenden Widerspruch mit dem doctrinairen Kirchenthume gesetzt hat.

IV.

Gott ist ein Geist, und die ihn anbeten, die müssen ihn im Geist und in der Wahrheit anbeten.

Auf die denkende Betrachtung der Natur, der Geschichte unseres Geschlechtes und auf die Stimme unseres Innern gestützt, vermag die in der neuen Weltanschauung lebende Gesellschaft den Glauben einer Offenbarung des göttlichen Geistes an den Menschengeist als einen auf übernatürliche Weise geschehenen und vollendeten Akt der Mittheilung Gottes an den Menschen nicht mehr mit ihrer Ueberzeugung zu vereinigen. — Die Offenbarung gilt ihr vielmehr als ein lebendig fortschreitender, ewiger Vorgang zwischen Gottheit und Menschheit, der sich auf natürliche Weise ununterbrochen aus dem, dem Menschengeiste sich unaufhörlich mittheilenden Gottesgeiste entwickelt. Sie ist zu allen Zeiten dieselbe, aber sie spiegelt sich verschieden in dem verschiedenen Charakter der Völker und Zeitalter, durch welche, als durch mehr oder minder getrübte Medien, ihr Licht hindurchdringen muß. Seit Erschaffung der Welt geschieht diese Offenbarung des göttlichen an den Menschengeist zunächst durch die Natur, als durch die Grundoffenbarung hindurch, durch welche jede unsrer Wahrnehmungen, also auch jede Offenbarung von Gott an uns hindurchgehen muß, weil wir mit unsern an den Stoff gebundenen Sinnen Alles nur durch das Medium desselben, das Organ unseres Geistes, zu begreifen vermögen. Zur Natur, dem vor unsern Augen sich ausbreitenden Werke Gottes, dem endlichen Spiegel seines unendlichen Wesens, gehört aber auch die sich in uns entfaltende Geschichte unseres Geschlechtes, wir selbst und alle höheren und hervorragenden Menschenseelen, denen sich Gott vorzugsweise zu erkennen gegeben, und die ihn uns offenbart haben. Sie sind die höchsten Bildungen der Schöpfung, ihre edelsten Organe, in denen unsre Welt ihren vornehmsten Zweck, die Verbindung mit dem Geiste des göttlichen Schöpfers der Dinge durch wachsende Erkenntniß und Liebe seines Wesens herstellt. Unsre Offenbarung ist die unmittelbare Selbstbezeugung Gottes, welche sich in der physischen Weltordnung als Naturgesetz und in der moralischen als Sittengesetz entfaltet. In dem Grade, als die menschliche Erkenntniß des göttlichen Natur- und Sittengesetzes wächst, wächst auch im menschlichen Geschlecht die göttliche Offenbarung aus natürlich unvollkommenen zu immer vollkommneren Stufen der Erkenntniß des göttlichen Wesens hinan.

Diese Selbstbezeugung Gottes in unserm Innern kennzeichnet sich im Leben jeder zum tieferen Selbstbewußtsein gelangenden Seele im Wesentlichen durch die Erkenntniß, daß es einen Gott gibt, durch welchen Alles ist, daß auch der Mensch aus Gott hervorgegangen, und daß Gott und Mensch durch Einen Geist miteinander verbunden sind. Diese, mehr oder weniger symbolisch verhüllte, in unsrer Religion auf dem Nicäischen Concil durch den Begriff der Dreieinigkeit Gottes (Vater, Sohn und heiliger Geist) ausgedrückte Idee ist, als festgewordene Grundüberzeugung des menschlichen Geistes von jeher das Palladium seiner Würde gewesen.

Von Gott, als dem reinen Geiste, dem allmächtigen Schöpfer, Erhalter und Regierer der Welt, einen den ganzen Inhalt seines

Wesens erschöpfenden Begriff zu gewinnen, kann keinem endlichen Geiste jemals gegeben sein. Jeder durch endliche Erscheinungsformen bedingte, individuelle Geist wird den, das Ganze in sich befassenden Weltgeist, je nach seiner eignen Beschaffenheit wohl mehr oder weniger annäherungsweise, aber immer nicht als das, was er an sich, was er absolut ist, sondern nur relativ in der, grade seiner besondern Individualität zugewendeten Wesensseite zu erkennen vermögen. So würde, wenn auch alle Körper im Weltraum Wesen trügen, welche die Bestimmung geistiger Verbindung mit Gott hätten, dennoch jeder ihrer Gemeinschaften nur die grade ihr zugewendete Seite des Weltgeistes sich erschließen. Und wie tausend, in einzelne Mosaikfelder auseinandergelegte Sehflächen sich erst im Insekt zum Auge zusammensetzen müssen, um ihm das Bild eines Gegenstandes wiederzugeben, so kann erst das ganze Universum, als ebensoviele der Gottheit entgegengewendete Sehflächen in sich befassend, das Gottes Wesen ganz empfangende Auge sein, wenn wir auch getrost glauben dürfen, daß unsre Seele das Auge ist, das uns von dem Wesen und den Tiefen der Gottheit Alles sehen läßt, was für die Fassungskraft des menschlichen Gefäßes bestimmt ist. Von dem Bewußtsein also ausgehend, daß die menschliche Vorstellung von Gott immer nur eine begrenzte sein kann, weil unser Geist ihn nur auf dem Wege durch den Stoff hindurch, bis zur Grenze der innerhalb desselben möglichen Denkfähigkeit hin, aber nicht mehr darüber hinaus, als gänzlich stofffreies Wesen begreifen kann — schließt die höchste, letztmögliche Vorstellung einer höheren Gotteswelt für uns mit der, in den verschiedenen Religionen unter verschiedenen Namen erfaßten Vorstellung ab, daß Geist und Materie außer der für die menschliche Seele geschaffenen Verkörperungsform des irdischen Lebens wohl auch noch zu anderen Verbindungsformen bewußter Art zusammentreten und zu immer stofffreieren Sphären der Lebensbethätigung des Geistes aufsteigen können, deren Zusammenhang mit uns wir aber nicht mehr zu erkennen im Stande sind.

Da wir nun nicht weiter in die Geheimnisse Gottes dringen können, so sollen wir auch wohl nicht weiter von hier aus darin forschen. Mithin ist es nicht ein uns unbekanntes Jenseits, sondern das Diesseits, welches in der Fülle seiner Beziehungen zu Gott zu erfassen unsre wahre und eigentliche Aufgabe ist. Erkenne dich selbst, den du siehst, sagt Gott, so erkennst du von mir, den du nicht siehst, so viel als du zu wissen bedarfst: ich bin, wie in Allem, so auch in dir.

So auf die Erkenntniß unseres eignen Wesens angewiesen und durch einen, uns Allen verliehenen Gottesantheil auch mit den Mitteln ausgerüstet sie durch treue Arbeit an uns selber zu erlangen, kommt der denkenden Selbstbetrachtung als unser einfachstes und nächstes Grundverhältniß zu Gott die Erkenntniß entgegen: daß, gleichwie Gott selber das Bild des Menschen als eines ihm ähnlich sein sollenden Geschöpfes, eines Gottmenschen, zuvor in seinem eignen Geiste getragen hat, ehe es in der vollendeten Form des menschlichen Geschöpfes (Adam) die Erde betrat, — also auch der Mensch dieses Bild verwirklichen, und sich zu der Geistesgestalt verklären muß, in welcher er als Gottmensch (Christus) von Anfang her im Geiste Gottes gelebt hat. So liegt Gottmenschlichkeit als Ursprung hinter, und als Ziel vor dem natürlichen Menschen (Christus, der Erste und Letzte, der dessen Ausgänge oder Principien (מוֹצָאֹת Micha 5, 1.) von Ewigkeit sind).

Als ewiges Verbindungsmittel des Zieles mit dem Ursprung der menschlichen Gesellschaft aber erkennen wir die zwischen dem Gottesgeist und dem Menschengeist waltende Wechselwirkung der Mittheilung, durch welche Gottes Wesen und Wille sich bezeigt und offenbart in unserm Gewissen, so daß wir stets erkennen durch die lebendige Thätigkeit des in uns selber wirkenden heiligen Geistes, wie unser Wesen und unser Wille und wie Alles sein soll, damit es Gott wohlgefällig sei.

So ist, nach dem Zeugniß unsres Innern, Gottes erschaffene

Welt sammt aller Creatur dergestalt von Anfang der Dinge her aus Gottes Geist und Sein hervorgegangen, von ihm durchdrungen und mit ihm verbunden, daß sie aus ihrem eigenen Schooß unter der fortwährenden Mitwirkung dieses Geistes, Alles zu erzeugen vermag, was der Weltgeist bedarf, um zum Gottesgeiste zurückzukehren. Und so ist, unserer Ueberzeugung nach, die moralische Welt ebenso wie die physische von ihr eigenthümlichen, ewigen, an das Sein und Leben überhaupt gebundenen Gesetzen getragen, auf welche sich Alles zurückführen läßt was geschieht, ebenso wie die Naturerscheinungen auf Naturgesetze. So wird das menschliche Leben von einer doppelten Strömung sittlicher und natürlicher Gesetzesentfaltung durchdrungen, daß wir uns weder das Reich der einen als über uns in den höheren Regionen eines Jenseit spielend vorstellen dürfen, noch der andern als getrennt sich auf den tieferen Schauplatz unseres Diesseits begebend; sondern es durchwaltet von beiden innig verbundenen Kräfte die höhere einer moralischen Weltordnung hienieden die niedere der physischen und strebt, den Widerstand ihrer elementaren Schwere besiegend, sie zu durchleuchten. Im Kampf ihrer Elemente von dem rohesten bis zum feinsten Spiel ihrer Macht- und Kraftentwicklung einander noch wechselvoll berührend, gehen Beide dem Einen letzten gemeinschaftlichen Ziele entgegen: in dem erreichten Gleichgewicht ihrer Kräfte einst die Darstellung der Einheit und Harmonie der Weltschöpfung zu vollenden. Störungen der verschiedensten Art, hervorgehend aus dem Bestreben der Einzelkräfte, ihre Selbstständigkeit nach Möglichkeit geltend zu machen, vermögen zwar diesen Gesammtausdruck des Gesetzmäßigen, in der Natur wie in der Geschichte, in Einzelfällen wie ganzen Gruppen mannigfach abzuändern. Wohl mag es, so lange von uns zurückgehalten, die höchste Gerechtigkeit die Dinge dieser Erde nicht völlig durchdringen kann, noch geschehen, daß der Sieg auf der Seite der physischen Principien steht, die Tugend unbelohnt, das Laster unbestraft seines Weges zieht, daß viel edles Streben und

Leben ohne glücklichen Ausgang bleibt, das Trefflichste unvollendet in Trümmer zerfällt, während der Erfolg die Werke der Bosheit krönt. Allein nie heben solche Störungen das Gesetz selbst auf, sondern lassen nur in immer neuen Modificationen jene grenzenlose Mannigfaltigkeit hervortreten, deren seine Anwendung auf die Unendlichkeit der Erscheinungen fähig ist; bis auf dem erreichten Höhepunkt der Identität des Sittengesetzes mit dem Naturgesetze die Welt das Ziel vollkommener und harmonischer Darstellung des göttlichen Wesens erreicht. Zur Entdeckung dieser mit den fortschreitenden Erkenntnißkräften des menschlichen Geistes immer deutlicher in der Natur und in der Geschichte erkennbar heraustretenden Gesetze seiner innern ebenso wie seiner äußern Welt zu gelangen, hat der denkende Geist das Vermögen rein aus sich und durch sich selbst und je älter er wird, desto klarer muß er sich in seinem Gott-, Welt- und Selbstbewußtsein werden. Dieses innere Zusammenhangsverhältniß und seine Entwicklung und Erhaltung ist so tief nach ewig ihm im Voraus zu Grunde gelegten Gesetzen befestigt, daß es von Seiten Gottes keinerlei äußerer Nachhülfe bedarf.

Die Herstellung dieser Verbindung des Menschengeistes mit dem Gottesgeiste durch eine, aus unserm freien Willen hervorgehende That göttlicher Selbstbestimmung unseres Wesens ist die Arbeit, der Zweck und der Lohn des menschlichen Daseins. Der Kraftanstrengung, welche die menschliche Gesellschaft für diese Arbeit macht, entspricht der größere oder geringere Fortschritt der Zeiten und ihrer Erkenntnißformen. Ein dauerndes, durchgehendes Ablassen der ganzen Menschheit von Gott, eine dauernde allgemeine Aufhebung und Loslösung der gesammten Menschheit aus ihrer Verbindung mit Gott kann nie stattgefunden haben und wird nie stattfinden können; denn eben die Erhaltung und Darstellung dieser Verbindung ist der göttliche Zweck unseres Geschlechtes, der von Seiten des Geschöpfes niemals ganz und vollständig aufgehoben werden kann. Mit der Willensfreiheit, durch welche Gott es Jedem anheimgibt, sich selbst und sein Leben inner- oder außerhalb der Verbindung mit ihm zu setzen, ist dem Menschen innerhalb der allgemeinen und ewigen Verbindung des Ganzen mit Gott, ein für sein endliches Wesen unendlich weiter Spielraum gelassen zur Geltendmachung vollkommenster Freiheit persönlicher Uebereinstimmung oder persönlichen Gegensatzes jedes Einzelnen — aber die Kraft der Verbindung des Einzelnen mit dem Endlichen vermag nie die Kraft der Verbindung des Ganzen mit dem Unendlichen zu überwinden oder aufzuheben. —

Aus der frei gewollten und gewählten Verbindung des Menschen mit Gott kommt nun das Göttliche, das Gute — aus ihrem Gegensatz, der bloßen einseitigen Entscheidung des Menschen für sich selbst, kommt das Ungöttliche, Böse, — die Sünde über Jeden, der Böses thut, und durch ihn über die Welt; wie die Natur, sich selbst überlassen, aus einer Wildniß in die andre hineinwächst. Das Gute beschleunigt die Entwicklung der Welt zum Ziel ihrer vollkommenen Verbindung mit Gott: das Böse hält diese Entwicklung zurück. Auf dem Machtverhältniß beider Kräfte zu einander beruht wesentlich der raschere oder langsamere Fortschritt der Weltarbeit. Da aber das Gute, als die mit Gott in Uebereinstimmung stehende und aus ihm geschöpfte Kraft, die stärkere sein muß, das Böse, als die mit Gott in Widerspruch stehende, bloße Kraft des endlichen Geschöpfes nur die schwächere sein kann, so überwindet das Gute, kraft seines Ursprungs, zuletzt das Böse. Diese Ueberwindung aller Gegensätze des Bösen in allen seinen zahllosen Formen, und, wenn einst die Stimme des göttlichen Geistes die volle Macht über die menschliche Natur gewonnen haben wird, der endliche völlige Sieg des Guten über das Böse in der Welt ist das, der Arbeit des menschlichen Geschlechts gesteckte Ziel. Je mehr nun die Kraftanstrengung der menschlichen Gesellschaft für das Gute wächst, desto ohnmächtiger wird das Böse: je mehr die Kraft des Guten abschwindet, desto stärker schwillt das Böse an, wie Kraut und Unkraut nach dem

Maße des Bodens und der Arbeit wachsen. Da aber das Böse, als das selbstische Princip des Geschöpfes, in der Verneinung seines höhern Zusammenhanges mit Gott auch seinen wahren Zusammenhang mit der Welt und seinen Mitgeschöpfen verneint, um nur das eigne Selbst an die Spitze aller Interessen zu stellen, da es Alles, was ihm in den Wurf kommt, zum Kampf der Selbsterhaltung mit ihm in die Schranken ruft, — Böses mit Bösem zu bekämpfen, Unkraut auf Unkraut säen, die in der Welt schon vorhandene Summe des Bösen überhaupt nur noch vermehren kann, so folgt daraus, daß nicht die gleiche Kraft des Bösen, sondern die überlegene Kraft des Guten die einzige Waffe sein kann, welche, indem sie das Böse zuletzt besiegt, der Welt den Frieden zu geben vermag; und daß mithin die höchste Tugend ist, für das Gute zu leiden und den Tod lieber zu wählen als in eine Sünde zu willigen.

Im Glauben an diese weltüberwindende Macht des Guten, welche das Menschengeschlecht dem ihm gesteckten Ziel einer vollständigen Verwirklichung seines aus Gott und nach seinem Bilde geschaffenen Wesens entgegenführen soll, wächst der Mensch in dem Maße, als die Erkenntniß seines eignen und des göttlichen Wesens und Wissens wächst. Fest aufeinander gerichtet, wächst aus der Tiefe der Erfassung des menschlichen Geistes auch die Tiefe der Erfassung des göttlichen Wesens, und diese wachsende Erkenntniß ist ein durch die immerwährende Selbstbezeugung Gottes im Innersten des Menschenwesens ewig fortschreitendes Werk. Jede solche neue Förderung ist eine neue Erlösung von hinter uns liegenden Irrthümern, und von durch Irrthum bedingter Schuld.

In dieser Weise gilt uns auch die Menschwerdung Gottes und die Erlösung nicht als eine, ein für allemal durch Einen übernatürlichen Gottessohn allein für uns Alle vollbrachte That, sondern sie ist uns ein Vorgang, der sich in jedem einzelnen Menschen wiederholen muß, eine ewig fortdauernde That der gesammten Menschheit, vermöge deren sie, sich zu immer reinerem Bewußtsein ihrer Einheit mit Gott erhebend, der völligen Erkenntniß und Liebe Gottes entgegenwächst: in jedem Menschen muß Gott es sein, der in ihm zum Menschen wird. So ist jeder innerlich große Menschensohn in Wahrheit ein Gottessohn, jeder höhere, göttliche Mensch ein Mittler zwischen Gott und den Menschen, Impuls und Organ zu einem neuen Aufschwunge der menschlichen Gesellschaft. Von Anfang her arbeitete der Mensch, geschaffen nach dem Bilde Gottes, diesem ähnlich zu werden, und von Anfang her war Gott thätig, den ewigen Gedanken, nach welchem er den Menschen geschaffen, auch in ihm zu verwirklichen. Der „Gottmensch" ist die uralte Arbeit, in der sich Gott und Mensch von jeher berühren: ewig steigt Gott zur Erde hernieder und der Mensch zum Himmel herauf, und ewig begegnen sie einander auf dem Wege, der aus dem Ewigen ins Zeitliche und aus dem Zeitlichen zurück ins Ewige führt. Diesen Gedanken „des Menschen in Gott, des Gottmenschen," die höchste Idee für die Erfassung des Menschengeistes erkennen wir als einen durch die ältesten Zeiten des ganzen menschlichen Geistes mehr oder weniger verhüllt hindurchgehenden, nicht erst mit der Menschwerdung Christi begonnenen, aber von ihm klar und einfach erfaßten, ausgedrückten und dargestellten Gedanken. Ebenso wie die organische Idee der Menschheit sich auf unsrer Erde lange vor ihrem Erscheinen offenbart in dem vorausgegangenen, vom Menschen repräsentirten Urtypus der thierischen Organisation, ebenso hat auch die geistige Gestalt des Gottmenschen, wie Ulrich von Hutten zu Spalatin sagte, Christus, nicht erst mit seiner Menschwerdung angefangen, sondern ist so alt als die Welt, als die Geburt des Menschen aus Gott.

„Wo aber," hören wir fragen, „bleibt und wie geschieht bei euch die Vergebung der Sünden, dieses ewige Bedürfniß des sündigen Herzens, dieses hochheiligste Gut des Erlöserglaubens? — kann der M e n s ch Christus euch noch eure Sünden vergeben? oder maßt ihr, der Vergebung eurer Sünden nicht bedürftig, euch an, die Wucht der Weltschuld auf den eignen Schultern zu tragen? oder ist etwa rings um euch her schon keine Welt mehr da, die an diesem Brunnen zu schöpfen verlangt und die ihr hinwegscheucht von den Quellen des Trostes?"

— Unser Glaube, antworten wir darauf, bewahrt auch die Vergebung der Sünde in sich, aber in einem geistigeren Begriff ihres Wesens. Das Böse, sagen wir, ist Irrthum, wo es unwissentlich, Sünde nur, wo es wissentlich vollbracht wird. Die Stimme des Gewissens, der innere Richter, den wir in unsrer eignen Brust tragen, entscheidet über das Eine, wie über das Andre. Die Sünde wider die eigne bessere Ueberzeugung, wider die Selbstbezeugung Gottes in unserm Innern, oder, wie sich die Bibel ausdrückt, die Sünde wider den heiligen Geist, den vollbewußten und gewollten Abfall vom erkannten Gotteswillen, vergibt auch Christus nicht, sondern schließt sie ausdrücklich als diejenige aus, welche ohne Vergebung fest im Bewußtsein unseres Lebens haften bleibt. Alle andre Sünde aber vergibt Christus. Für alle andre Sünde, für das Erliegen der Versuchung in Gedanken, Wort oder That liegt aber auch die Vergebung Gottes, so lange die Welt steht, in aufrichtiger Reue, Buße, in der Sinnesänderung und ernsten Erneuerung unseres innern Menschen im Geiste Gottes, wie er sich uns offenbart durch die Selbstbezeugung seines Geistes in unserm Gewissen. „Wenn du ihm deine Sünde bekennst und es reut dich ihrer von ganzem Herzen, so ist Gott gerecht und treu und vergibt sie dir um deiner Reue und des Wunsches deiner Besserung willen, wie ein Vater seinem Kinde." Zwischen Gott und unsrer Schuld steht also sühnend der Glaube, die innere Ueberzeugung, daß der Gott der ewigen Liebe um unsrer Reue willen uns die Schuld vergibt — nichts Anderes. Und wenn, unter der Last seines Irrthums und seiner Schuld das menschliche Herz erliegt und eignen Trostes ledig, von jenem Zweifel befallen wird, von dem schon Salomo sagt, daß der Mensch in ihm nicht wisse, ob er noch Liebe oder nur Haß verdiene — dann darf heut und ewig im Namen Gottes Einer dem Andern sagen: „gehe hin! habe Gott vor Augen und im Herzen, und hüte dich, daß du hinfort in keine Sünde willigst, noch thuest wider Gottes Gebot. Sei getrost! deine Sünde ist dir vergeben!" —

Es ist selbstredend, daß solche auf die wahre und zunehmende Herrschaft Gottes im Menschen sich gründende Glaubensüberzeugungen sich in kein ein für allemal feststehendes System, keine irgendwann und wo fertige Mittheilung für alle Zeiten fassen lassen, sondern sie sind die immer weiter reifende Frucht des vom menschlichen Geist aufgenommenen Gottesgeistes, ein immer fortschreitendes Ergebniß der innern Bildung der verschiedenen Entwicklungsstufen der Individuen und Völker und eine immer neuen Entwicklungsreihen der Menschheit entgegenführende Geistesarbeit der Zeiten.

Der christliche Lebensgedanke.

Stans in terra, in coelo es si diligas Deum.
Augustinus.

Auf Grund solcher, den natürlichen Verhältnissen entnommenen Anschauungen über die höheren Beziehungen des menschlichen Lebens muß es als vornehmste Aufgabe der Religion angesehen werden, einfache und reine Lehren aufzustellen, welche als aus einer richtigen Erkenntniß des Verhältnisses der Menschheit zu Gott abgeleitete Grundsätze, geeignet sind die allgemeine Richtschnur des Denkens, Fühlens und Handelns der menschlichen Gesellschaft zu bilden. Nichts Anderes that Christus. Was er gab, zeichnet sich zunächst vor Allem was je der Menschheit für ihr höchstes Leben gegeben wurde, dadurch aus, daß es keineswegs ein geschlossenes System von festen Satzungen und Verhaltungsregeln, sondern ein allgemeines, rein geistiges Weltprincip ist, welches von Seiten der wachsenden Erkenntniß des menschlichen Geistes zwar noch immer mehr erweitert und vertieft, immer vielseitiger herausgebildet, im menschlichen Bewußtsein entwickelt und angewendet, aber an sich nie übertroffen werden kann, weil es aus der Grundtiefe des göttlichen Wesens, der Liebe, geschöpft ist, die sich in Christi Geist und Seele eingesenkt hatte. Wie wir die Anwendung eines von einem großen Forscher uns erschlossenen letzten Naturgesetzes wohl ins Unendliche hinein vervielfachen, aber nicht etwas über das Gesetz selbst hinausgehendes mehr entdecken können, so kann Alles, was je vom göttlichen Geiste sich noch dem menschlichen offenbaren wird, in Christi Gotteserkenntniß hineingelegt werden, aber etwas über dieselbe hinausgehendes gibt es eben nicht mehr: über das Maß dessen, was dieses Gottesgefäß in sich faßte, geht eben der Fassungsraum keines menschlichen Gefäßes mehr hinaus, und so stellt er uns die letztmögliche Grenze des Menschen dar, jenseits deren das Menschliche überhaupt aufhört und das Göttliche selber beginnt. Das tiefste Bewußtsein des Geistes von seinem Wesen kann alle wesentlichen Formen des Geistes aus sich erzeugen, aber es begreift sie eben unter sich: ein Mehreres ist nicht möglich. — So ist uns das Verhältniß zum Geiste Christi, zu seinem Gottes- und Weltbewußtsein das Wesentliche, wie ja auch aller wahrhaftige Verkehr und alle wahrhaftige Beziehung der Menschen zu einander auf dem geistigen Verhältnisse beruht, in welchem der Eine zum Andern steht. Und so halten wir für das wesentliche Testament des Geistes Christi, für die wahre Grundlage unseres Glaubens die Auffassung, die er uns vom Leben hinterlassen hat, als eines Gutes, das von Gott kommt, für Gott verwaltet werden und Gott zurückgegeben werden muß.

In dieser Weise auf die Aneignung des Lebensgeistes Christi den Schwerpunkt christlichen Glaubens legend, tritt uns derselbe aus dem, was uns von ihm durch Schriftzeugnisse und Geistesauslegung überkommen ist, folgendergestalt entgegen:

Des Menschen Leben ist, nach christlicher Auffassung, ein heiliges Geschenk Gottes. Aus Gottes eigenem, ewigem, heiligem Geist hervorgegangen, als ein aus Gottes eignem Sein dem Menschen zu eigen gegebenes Theil trägt es Gottebenbildlichkeit als Siegel seines innersten Wesens in sich, und, wie sich auch immer der Mensch zu diesem Gottestheil in ihm verhalten mag, so trägt er ihn unauslöschlich, selbst durch Schuld und Sünde jedes Einzelnen hindurch, bis ans Ende. So als Lehnsträger eines Gutes, das er von Gott empfangen und das er ihm auch wieder zurückgeben soll, muß der Mensch sein Leben heilig halten, das ihm hier als göttlicher Stoff, den er ausarbeiten und zur Ehre Gottes darstellen soll, anvertraut ist. Dieses Leben des göttlichen Geistes, Gottes im Menschen, ist das Princip des Lebens überhaupt, nicht das bloße Leben im Fleisch, in der Materie, das bloß natürliche, vergängliche Leben in der irdischen Erscheinung. Mit diesem Bewußtsein tritt der heilige Geist, der Geist ewigen Lebens, auf gegen den Weltgeist, den in die bloße Endlichkeit des natürlichen Lebens versenkten Geist der Creatur. Die ganze irdische Welt des Körpers, der Sinne und der Außenwelt, das Reich des Menschen und die ganze Gestalt aller sinnlichen und zeitlichen Erscheinung tritt als der bloße sichtbare, sinnliche, zeitliche und äußere Vordergrund eines unsichtbaren, übersinnlichen, ewigen und allein wahrhaften Hintergrundes eines allgemeinen geistigen Gottesreiches auf und wird diesem untergeordnet. Alles, was hier in die Form zeitlicher Erscheinung tritt, geht aus diesem unsichtbaren, allgemeinen geistigen Reiche ewigen Lebens in Gott, als aus seiner wahren Ursache und seinem eigentlichen Grunde hervor, aus dem Alles, was da ist, geboren, und zu welchem Alles, was da geboren worden, wieder zurückkehren muß.

Dieser geistige Lebensgrund alles natürlichen Lebens, dieses „Reich Gottes", wie Christus es nennt, kommt nicht mit äußerlichen Geberden, ist nicht etwa hier oder dort, sondern „inwendig in euch", in den Seelen der Menschen ist es schon hienieden. Dort muß es im Kampf mit den Gewalten der Selbstsucht und der Sinnenanhänglichkeit dem natürlichen Leben des Menschen erst entrungen werden. Der natürliche Mensch, d. h. der Mensch bloß von Seiten seiner irdischen, zeitlichen Natur betrachtet, wird zunächst nur von seinen natürlichen, irdischen und sinnlichen Trieben bestimmt, in deren Befriedigung er allein die Bedingungen seines natürlichen Daseins erfüllt sieht; noch unbewußt, daß er über die Güter der Erde nur als Haushalter Gottes gesetzt ist, strebt er zunächst nur nach möglichster Aneignung von Herrschaft und Genuß dieser Güter für die Dauer seines Lebens. In diesem, von der menschlichen Natur unzertrennlichen Grundtriebe der Selbstsucht und der Sinnlichkeit liegt aber die Wurzel alles Uebels, die Sünde, sei es, daß sie sich hier in dunklen Naturtrieben noch unbewußter Zustände vollzieht, oder daß dort die Stimme eines schon erwachten, bessern Gewissens bewußt von dem, sich dem erkannten Willen Gottes entgegensetzenden selbstischen Willen unterdrückt wird; — bewußt oder unbewußt, als bloßer Zustand der Seele oder als vollbrachte That vorhanden, allemal isolirt die Sünde den Menschen, so lange sie in ihm herrscht, von Gott. Im Kampf mit dieser, in der natürlichen Seite seines eignen Wesens wurzelnden Selbstsucht und Sinnlichkeit soll und muß aber der wahre geistige Mensch sich das Bürgerrecht eines höheren ewigen Lebens erringen, in geistiger Durchdringung des bloß Sinnlichen sich und sein natürliches Leben zum Dienste Gottes verklären, nicht nach dem sinnlich Angenehmen oder Unangenehmen, sondern nach Dem handeln, was vor Gott recht ist, und was sich ihm in seinem eignen Gewissen als Gottes Wille offenbart. Der Sieger in diesem Kampf, der neue geistige Mensch, der darin ersteht, wird der göttlichen Natur theilhaftig, Kind Gottes, neu erschaffen durch die Wiedergeburt in dem Bilde seines himmlischen, unsichtbaren Vaters. Er hat das ewige Leben. Alles Andre ist bloße physische Existenz un erborgten, vergänglichen Scheine des Lebens — Tod. — So stellt Christus das Leben und die Seele des Menschen in ein ihr ursprüngliches, unmittelbares Verhältniß zu Gott, zeigt die innere Verbindung des menschlichen mit dem göttlichen Wesen, und schlägt zum Dreiklang zwischen Gott, Welt und Mensch den Grundton an. — Diesen Gott nun, sagt Christus, der dich aus Liebe erschaffen und dessen Reich hienieden in deiner Seele ist, den sollst du lieben von ganzem Herzen, von ganzem Gemüth und aus allen deinen Kräften, und deinen Nächsten

— dessen Seele gleichen Ursprungs und gleichen Zieles theilhaftig ist — wie dich selbst.

Mit einem so erhöhten Verständniß seines Lebens begabt, erkennt es nun der Mensch als seine höchste Aufgabe — ein Kind Gottes zu sein; er erkennt, daß einfacher, reiner Mensch zu sein, sein höchster Rang auf dieser Erde ist: mit dieser Erkenntniß kann er nicht mehr untergehen im Streben nach dem Erdenruhm, Reichthum, Macht, Amt und Würden, Erwerb und Genuß: er fühlt sich als ein Ich darüber, und zwar als sein eigentliches Ich darüber stehend. Und als ebenso berufene Wesen sieht er nun auch alle seine Nebenmenschen an; auch ihr höchster Rang für ihn ist der seiner Brüder. Aus den Schranken des National- und Parteigeistes hinaustretend in den Weltbürgergeist der allgemeinen Liebe erkennt er in der Erde Ein Land voller Kinder Eines Vaters, Eines Hauses — in der Menschheit ein Volk von Brüdern. Liebe regelt hinfort seine Pflichten ohne Gesetz, und mit der Freiheit, die er allen Menschen gewährt empfängt er in der Wechselwirkung aller guten Kräfte die eigne verklärt zurück. — Die äußere Gestalt seines zeitlichen Lebens wird nunmehr für ihn zur unwesentlicheren, weil vom Vergänglichen bedingten, unfreien Seite seines höheren Seins; das volle Gewicht fällt allein auf das Innere. In dieser Erkenntniß tauscht jedes Mißverhältniß seines äußern Lebens zu seinem innern Gemüth den Stachel gegen ein unerschütterliches Gefühl von zufriedener Ergebung aus. Der Abhängigkeit seines äußern Schicksals von der Kette natürlicher Ursachen und Wirkungen des großen Ganzen, als dessen Glied er sich freudig fühlt, tritt der Mensch mit einer Welt voll Unabhängigkeit und Freiheit in sich selber entgegen, deren unbeschränkter und glücklicher Gebieter einzig und allein er selber ist, und für deren immer höhere und weitere Entwicklung er sich selbst die härtesten Mißgeschicke seines Lebens dienstbar zu machen weiß. Nicht zwar, als ob die ganze äußere Lebenserscheinung des Menschen damit entwerthet werden solle, wie irrthümlich daraus gefolgert worden ist, sondern sie gilt fortan nur insoweit als sie Ausdruck einer wahrhaft göttlichen, innern Gestaltung des Geisteslebens und der von ihm ausgegangenen Macht ist, die sich auch in der äußern Welt eine ihr entsprechende Folge von Ursachen und Wirkungen herbeizuziehen und zum Dienste ihres Lebens zu unterwerfen die Kraft gehabt hat. Dies grade wird zu einem der Hauptunterschiede zwischen der weltlichen und christlichen Lebensauffassung, daß dort die äußere Lebensgestalt, der Erfolg im Leben es ist, woran der Werth des Menschen zuerst gemessen wird, wäre er im Uebrigen auch das willkürlichste und zufälligste Produkt der Umstände, die sich um seine Person gruppirt haben, während hier die Lebensgestalt angesehen wird, welche als freier Ausdruck innerer Tugend und göttlicher Selbstbestimmung die äußere Form von Innen her verklärt und sie in ihren anspruchslosesten Erscheinungen und in ihren ärmlichsten Beziehungen über allen Glanz der Welt verklärt. „Es werden Viele zu mir sagen, Herr, Herr, und ich werde sie nicht kennen!“ —

In dieser Lebensauffassung müssen wir Christo begegnen, wenn er uns als die Seinigen erkennen soll; wer diesen Geist nicht hat, der ist nicht sein. Auf diesem Boden ruht die christliche, wahrhafte Entwicklung aller der moralischen Fähigkeiten und Tugenden der menschlichen Natur, die schon das Heiden- und Judenthum herangebildet, aber nicht zur Vollendung zu führen vermocht hatte, wie auf ihm die Verurtheilung emporwächst für Alles, was dieser Richtung des Lebens auf Gott und den Nächsten sich entgegenstellt. — Hebe den Schleier auf, den dir die Sinnenwelt überwirft und sieh', du kannst es, die Welt des Geistes! vernichte das Ungöttliche in dir und den fleischlichen Willen deiner Selbstsucht vor dem Willen Gottes, dessen Stimme du in deinem Gewissen vernimmst. Setze die ewigen Pflichten über den zeitlichen Nutzen. Alles andre Leben als das, was aus deiner Gemeinschaft mit Gott und seinem Willen hervorgeht, ist ein Scheinleben; dein Leben in

Gott allein dein wahres Leben. Das ist dein höchstes Gut, und dafür, o Mensch, gieb alles Andere, wenn es gefordert wird, selbst dieses dein irdisches Leben dahin, um des Lebens Willen, das du von Gott empfangen hast.

Dies ist die Lebenssprache des Geistes Christi. Daß ihr freier, lebendiger Laut den tausendjährigen Todtensang übertöne, den die über seinem Grabe trauernde Kirche anstimmte, ist hoch an der Zeit. Wohl ist sein Tod ein Schmerz, der nie aus dem Herzen einer Welt weichen darf, deren höchster Wohlthäter er gewesen: aber, führt uns hinweg von jenem bluttriefenden Marterholz, an das ihr euch, als an die Stätte eurer Erlösung klammert. Uns ist sein Leben der Weg, der nachgewandelt, sein Geist, der festgehalten, in Gottes Arme führt. Sein Tod wirkt auf die Welt nicht anders als der Tod unserer theuersten, unserer größten, im Leben nie genug von uns verstandenen Menschen, der ihr Bild in unsern Geist und unsern Geist in ihr Bild verklärt. Noch auch bedarf sein Geist und in uns der Glaube an sein Fortwirken, irgend eine andre Ausgießung desselben als auf jenem natürlichen Wege, auf welchem das Leben jeder guten und großen Menschenseele sich nicht nur in der Zeit ihrer körperlichen Erscheinung, sondern geistig in dem unvergänglichen Eindrucke abspiegelt, den der Mensch von seiner Persönlichkeit und seiner innern Erscheinung, von sich und seinem Wesen der Zeit und der ihn überlebenden Nachwelt hinterläßt — in dem Uebergange seines innern Lebensbildes, seines Lebensgeistes. Jede große und gute Erscheinung, die in den Kreis der menschlichen Gesellschaft hineintritt, empfängt zu allen Zeiten ihre Bedeutung für dieselbe nicht bloß nach der Gestalt ihrer unmittelbaren persönlichen Berührung mit ihr: denn einerseits ist die Mitwelt an und für sich niemals ein ausreichendes Feld für die volle Aufnahme der Mittheilung eines über ihr stehenden Geistes, andrerseits verhält sie sich bezüglich ihrer Empfänglichkeit für unmittelbare Berührung höherer

Naturen stets in zögernder Eigenwilligkeit: die Art und Weise, die Tiefe und Wahrheit, mit der ein Mensch hineintritt in den Geisteskreis aller Zeiten und die Natur des Menschengeistes überhaupt berührt — das ist es, was über die Vergänglichkeit oder Unvergänglichkeit seines Wirkens für die menschliche Gesellschaft entscheidet, und die Stärke und Dauer des innern Einflusses bestimmt, den er auf die göttliche Entwicklung der geistigen Gesammtgestaltung der Menschheit ausübt. Natürlich und menschenwürdig ist es, an die persönlichen Träger solcher Vermittlungen göttlicher Erkenntniß für unsre Seele auch unsre ganze Liebe, unsre ganze Dankbarkeit und Verehrung zu heften, sie als verkörperte Manifestationen des göttlichen Geistes hoch über uns zu stellen. Daß es aber keiner übernatürlich fortdauernden Berührung ihres persönlichen Verkehrs mit der Welt, sondern nur der einfachen, natürlichen Fortpflanzung ihres Lebens in unsre Geistes- und Gemüthswelt bedarf, lehrt uns der Umstand, daß jedes Zeugniß heimgegangener Geister, jede Ueberlieferung von ihrem Wesen, jede lebendige Fortpflanzung ihres innern Bildes, sie uns zu gegenwärtigen und vertrauten Gestalten, zu den theuersten Gefährten unseres Lebens macht. Von Geist zu Geist hindurchgehend bis auf Jeden von uns, werden alle solche Seelen unsere innere Gesellschaft, die Geister berühren sich ohne ihre Hüllen und fließen ineinander. Und das ist ja eben das ewige Vorrecht des geistigen Lebens, und Beweis wie es allein das wahre ist, daß es über alle Ruinen und körperlichen Grenzen der Zeit hinaus, in der es in irdischen Hüllen erschien, sich in dem Eindruck fortpflanzt, den wahrhafte Seelen- und Geistesgröße den nachgebornen Geschlechtern aller Zeiten hinterläßt. Jeder innerlich hohe, weltbedeutende Mensch lebt als plastische Geistesgestalt in der Welt fort, und ewig feiert der in ihm wohnende Gottesgeist seine Auferstehung in jedem Herzen, das sich seines Geistes und seiner innern Lebenshinterlassenschaft bemächtigt. Solches ist die Auferstehung des Gottmenschen, an die wir glauben.

Von dieser Auffassung aus, wie unser Gewissen und unser Gefühl sie uns eingibt, tragen wir das Verlangen, daß die Hüllen, deren ein frei und einfach zu denken bestrebtes Geschlecht nicht mehr bedarf, und mit denen eine, andrer Formen benöthigte Zeit die Glaubenssubstanz umgab, nunmehr gelöst werden. Licht und reines Menschenthum umgebe hinfort die weltgeliebte, tief ins Bewußtsein der Menschheit hineingewachsene Gestalt des Stifters unsrer Religion. Wir vergessen weder, noch verkennen wir die großen, ewigen Wohlthaten, welche die Kirche der Menschheit erwies, aber sie muß, es drängt die Gewalt des Geistes und das allgemeine Verlangen der Herzen, die ewigen, wandellos feststehenden Ideen von den alternden Formen befreien, über welche das Verständniß der menschlichen Gesellschaft hinausgewachsen ist.

Dahin gehört auch die Rückkehr der alten, freieren Stellung der Kirche zur Bibel, welche als Schriftdenkmal der vom Geiste des Judenthums empfangenen und durch das Christenthum auf uns übergegangenen Entwicklungsgeschichte des Gottesbegriffes ihren natürlichen Platz in dem religiösen Bewußtsein der Menschheit wiedererhalten muß. Sie ist weder der Zeit, noch dem Wesen nach die einzige und erste Grundlage aller wahren Religiosität. Wie der Geist des Glaubens eher da war, ehe die Bibel war, so muß dieser Geist es auch bleiben, der über Allem steht. Der uralte Strom, der durch die Herzen der Völker ging, ehe die Bibel geschrieben wurde, ist nicht versiegt, als mit dem letzten Buchstaben der Apokalypse der Griffel dem gottbegeisterten Seher entfiel. Einmal abgelagert in die Ufer des Wortes, stand sein lebendiges Wasser im Herzen der Welt nicht still, um, wie ein See ohne Abfluß, hinfort nur die Dämpfe seines heiligen, unbewegten Spiegels in die Atmosphäre der Lebendigen hinauszusenden. Wie er einmündete in die Bibel aus dem Herzen der Völker, so mündet dieser Strom auch jenseits der biblischen Ufer wieder aus in die neuen, gleichen Wege, und ewig erneuert sich im bewegten Wellenschlage seiner rastlos fortströmenden Fluthen das Gottesbewußtsein der wechselnden Geschlechter der Erde. Wohl steht, vom Meere der Zeit umwogt, die Bibel als fester Fels: aber nicht seine granitne Versteinerung, nicht sein in tief herabgesenkte Wolkenschleier gehülltes Haupt ist es, was unsre Ehrfurcht weckt, sondern daß wir aus und in ihm von sichern Pfeilern gestützte Räume zu neuen Wohnungen des Lichtes meißeln können, damit er zum hellen, offenen Tempel werde, in welchem der Mensch Gott im Geist und in der Wahrheit anbeten lernt.

Seit die Bibel freier Forschung erschlossen ist, zweifelt wohl Niemand, der sich je in sie vertiefte, noch daran, daß sie von gotterleuchteten und gottberufenen Geistern verfaßt, in ihrer Darstellung des Gottesbegriffes voll der tiefsten, innern Wahrheiten ist. Andrerseits aber darf der unbefangene Blick des Forschers im Glauben sich der Wahrnehmung nicht verschließen, daß die äußere Umkleidung ihrer inneren Wahrheit in der Färbung ihrer Darstellungsweise dem Zuschnitt und Begriff der Zeiten selbst entspricht, aus denen ihre erleuchteten Verfasser ihre Offenbarungen, als aus dem Medium, in dem sie selber standen, schöpfen mußten. Wahrheit bleibt Wahrheit, durch welches Medium sie auch ihr ewiges Licht hindurchleuchten lassen mag: aber kein Medium ist an sich so licht, so rein, so farblos durchsichtig und eigenschaftslos, daß es nicht die eigne Spur mit an das heften sollte, was es durch sich hindurchgehen läßt. So waren zwischen jenen Männern und Gott gleichsam Saiten ausgespannt, so zum Einklang gestimmt, daß er diesen Werkzeugen die erhabensten Weisen entlocken konnte, die je hienieden von ihm vernommen worden sind — aber die Saiten klangen mit. Derselbe Ton, von verschiedenen Instrumenten wiedergegeben, ist derselbe, und dennoch klingt er aus der Harfe anders als aus der Orgel. So leuchten im Elias wie im Daniel, im Johannes wie im Petrus die Charaktere der irdischen Gefäße göttlichen Lebens in unaufgehobener Eigenthümlichkeit durch ihre Gottesauffassung hindurch, und weder die Weisheit Gottes noch Christi hat es bei der

Wahl der Träger ihrer Offenbarungen unberücksichtigt lassen können, die Segnungen derselben in unter sich verschiedene Gefäße einzusenken. Sollten diese Geister nicht bloß mechanische Werkzeuge in der Hand des Herrn sein, so mußte ihnen die selbstständige Verarbeitung ihres Antheils der Gotteserkenntniß gestattet bleiben, und so floß auch in ihnen und in der Bibel die göttliche Erkenntniß mit den menschlichen Begriffsformen der Zeit zusammen, in welcher sie lebten. In diesem Sinne in unser Bewußtsein aufgenommen, also allerdings voller Heiligkeit und Wahrheit in der Weise ihres innern Zeugnisses von Gott, verliert die Bibel für kein Gott wahrhaft suchendes Herz ein Atom ihres eigentlichen und ewigen Werthes, wenn wir die Fassung, in welcher sie ihre Wahrheiten niederlegt, von diesen Wahrheiten selbst unterscheiden. Und wenn die Menschheit im Lauf der Jahrhunderte, sich mit immer größeren Kräften der Erkenntniß umgebend, hinter dem Buchstaben- und Formengerüst der heiligen Schrift immer heller und strahlender die heiligen und erhabenen Umrisse des darin waltenden Gottesgeistes zu erkennen, für die allein des Menschen würdige Betrachtungsweise der Bibel hält, so kann dies nur die Herzen ängstigen, die es noch nicht erfaßt haben, daß der Buchstabe tödtet, der Geist aber lebendig macht. Mit Einem Wort: die Inspiration der Bibel liegt in der innern Kraft ihres Charakters: diese ist es, die lebendig macht, uns in ihr Thatsachen unseres eignen Bewußtseins vollzogen wiederfinden, uns selber erkennen und richten lehrt. Wer das in sich erfahren hat, dem kann, wie kürzlich mit Recht gesagt worden ist, die ganze historische Echtheit ihrer einzelnen Bestandtheile in schlagenden, kritischen Beweisen geraubt werden, ohne daß er je daran denken würde, sich auch nur von einer jener tiefen und lebendigen Ueberzeugungen zu trennen, welche er durch die Gotteserfahrungen ihrer Verfasser gewonnen hat. Nur von diesem Standpunkt aus, der das ganze Gewicht der Bibel auf den in ihr waltenden Gesammtgeist und dessen im Bewußtsein der Menschheit fortschreitende Anwendung und Auslegung ruhen läßt, kann der Glaube sich mit Sicherheit auf sie stützen und mit Ruhe den Ergebnissen der kritischen Forschungen über die historische Echtheit der biblischen Bücher entgegensehen: von jedem andern Standpunkt aus ist er die Beute jeder auffliegenden Mine der Kritik. Von diesem Standpunkt aus kann der Glaube das heilige Buch in Staub und Asche zerfallen sehen, denn er weiß, sein Geist lebt fort in der Welt wie der Geist längst dahingesunkener Reiche fortlebt, wenn der Lauf der Zeiten auch seine Städte, seine Werke, alle seine Herrlichkeit und Pracht und das ganze Gerüst, das er sich anerschaffen, längst hinter ihm abgebrochen hat.

Wir betrachten also die Bibel nicht als ein Werk übernatürlicher Offenbarung.

Denn der Weg aller Offenbarung ist ein natürlicher.

Was in der geheimnißvollen Vereinigung des menschlichen Wesens mit der Natur von unsern Sinneswerkzeugen aus der allgemeinen Welt des sinnlich Wahrnehmbaren überhaupt empfangen wird, das wirft auf seinem Uebergange aus der sinnlichen in die geistige Sphäre unseres Wesens seine Eindrücke mit bildnerischer Thätigkeit in die Werkstätte unsrer innern Welt, deren Vermittlung den Rohstoff aller ihr sinnlich überlieferten Vorstellungen umschmilzt zu Gebilden geistiger Kraft, zu Gedanken, in denen die letzten Spuren der Materie die Region eines allgemeinen unsichtbaren Geisteslebens berühren. Je mehr mit der Ausdehnung seiner sinnlichen Wahrnehmungskreise unser Geist die ihn bedingende Hülle der Materie auf diese Weise sich gleichsam in ihm auflösen läßt, desto verklärter spiegelt sie ihm Bild und Gesetz des Ganzen zurück. Und so gelangen, denkend in die innere Betrachtungssphäre des Geistes aufgenommen, alle in der Natur und Geschichte seiner Welt physisch durchlaufenen Bahnen, allmählig in ihm zum Verständniß und zum Bewußtsein einer in der physischen sich entfaltenden geistigen und sittlichen Ordnung der Dinge. So auch empfängt die Bibel die Erklärung ihrer sittlichen Weltanschauung nicht sowohl in der Annahme einer übernatürlich geschehenen Offenbarung, als vielmehr aus der Beziehung ihrer sittlichen auf ihre natürliche Weltanschauung. Die Art ihrer physischen Welterklärung ist eine andre als die unsrige, darum ist auch die Art ihrer moralischen Welterklärung eine andre.

Die Welt, die sie kennt, ist in dem abgeschlossenen Akt des Sechstagewerkes fertig erschaffen. Als vollendete Welt steht sie da, aus Gottes Schöpferwort hervorgegangen; in der Paradiesespracht ihrer irdischen Vollkommenheit entfaltet sie sich zur Wunderblume unschuldig reinen Menschenthums. Die schaffende Gottheit selbst zieht sich von der vollendeten, irdischen Weltordnung in ihren Wolkenhimmel zurück; nur noch von außen her ihr Werk treibend, bewegend und erhaltend, kehrt sie nur zuweilen, auf übernatürliche Weise die natürliche Ordnung der Dinge durchbrechend, in vereinzelten Theophanieen sichtbar zu den Menschen zurück. — Von dieser Grundanschauung einer fertigen Welt und eines nur außerweltlichen Gottes leitet ein einfacher und natürlicher Gedankengang weiter, als die vollkommen natürliche Consequenz der petitio principii des heiligen Buches; so daß, wer eine fertige Welt und einen nur außerweltlichen Gott annimmt, auch die Folgerungen der Bibel annehmen muß, und auch ohne alle Schwierigkeiten annehmen kann. — Was Gott selber erschaffen und vollendet hat, das muß, so schließt die Bibel folgerichtig, als es aus seiner Hand hervorging, ursprünglich vollkommen gewesen sein und ohne Fehl. Dennoch, sagt sie, liegt vor uns ausgebreitet eine unvollkommene Welt, ihre Schönheit zerrissen von unfruchtbaren Wüsteneien, ihre sittliche Gestalt durchbrochen von der Sünde. Wer hat das gethan? — wer ihre natürliche und sittliche, vollkommene Einheit zerstört? — Niemand anders als der Mensch selbst! — Im Abfall des ersten Menschen von Gott kam die Sünde in die Welt, die zuerst nicht war, von da ab aber, in Kind und Kindeskindern Zins auf Zinseszinsen wuchernd, in dem

Maße als die Menschheit Zwecken unheiliger Selbstsucht folgte, zu einer Schuld an Gott anschwoll, die aus sich selber je wieder tilgen zu können, ewig über das Vermögen der Menschheit aller vergangenen und kommenden Zeiten hinausgeht. — Wer, fragte sich die alte mosaische Welt, wer vermag es die alte Einheit der Dinge herzustellen und die tiefbeleidigte Gottheit mit uns wieder auszusöhnen? — Kein Gebet, keine menschlichen Anstrengungen sind vermögend, der Welt ihre alte Gottesgestalt wiederzugeben! Nur Gott selbst kann uns erretten, den Erretter senden. Mit dieser Hoffnung und Ueberzeugung schloß die alttestamentarische Welt und die neutestamentarische Auffassung der Persönlichkeit Christi ist die folgerechte Weiterentwicklung der biblischen Grundanschauung. — Ihrem rückwärts nach dem Urgrunde der Dinge gewendeten Blick zeigte sich das Bild einer vollendet gewesenen, aber gefallenen Welt, einer fern hinter uns liegenden, durch unsre Schuld wieder verloren gegangenen Wirklichkeit des Vollkommenen auf der Erde. In schwachen Nachklängen wieder auftauchende Träume einer irdisch göttlichen Vergangenheit — Trümmer entschwundner Schönheit und Harmonie — Bruchstücke einer aufgelösten Einheit — Scherben eines zerschlagenen Spiegels der Gottheit, — Schatten ist, ihr zufolge, Alles was spätere Zeiten an göttlicher Erkenntniß der Dinge zu sammeln vermocht haben: alle Zeugnisse des menschlichen Innern nur aus wiederkehrenden Erinnerungen unserer Vergangenheit erzeugte Kräfte jener seligen Zeit des goldenen Weltalters unserer Erde. (Eine Weltanschauung, durch welche gleichsam die Melancholie eines schwer geprüften Nationalgeistes hindurchschimmert, der sich in seinem früh erloschenen Glanze der Tage alter Herrlichkeit und Größe erinnert!)

Vor unsern Augen aber hat sich seitdem der äußere und innere Horizont der Weltbetrachtung erweitert: deshalb kann die Form der physicotheologischen Anschauung der Bibel nicht mehr mit der unsrigen zusammenfallen. Es hat seitdem die Erde ihren Schooß aufgethan und uns eine andre Geschichte ihrer Vergangenheit überliefert als die Zeit der Genesis es vermochte. Selbst die Himmel rühmen die Ehre Gottes in einem höheren Chor. In der physischen Erkenntniß einer ewig zu Weltkörpern sich ballenden und wieder zerfallenden, beweglichen Verbreitung des Weltstoffes, tritt hoch über uns in neuaufflammenden und erlöschenden Sternen, wie hier in sinkenden Küsten und aus dem Schooß des Weltmeers neu emportauchenden Inseln, ein von Ewigkeit zu Ewigkeit die Räume des Alls durchdringender Lebensstrom göttlicher Schöpferkraft unserm Blicke entgegen. Im ewigen Wandel seiner Erscheinungsformen begriffen, steht nichts Erschaffenes fest. Nirgends sehen wir den Proceß der Weltschöpfung als einen ruhenden. Deshalb, sagen wir, hat auch Gott nie geruht von seiner Arbeit, deshalb ist auch der Proceß der Weltschöpfung niemals ein vollendeter, deshalb die Erde nie ein fertiges Werk, deshalb der Mensch nie ein vollkommenes Geschöpf gewesen: sondern es wächst, in einem ewigen, aus Vergehen und Erstehen sich neu zusammensetzenden Werden, alles Erschaffene aus dem Unvollkommenen ins Vollkommene hinein. Und so sehen wir das, was nach der biblischen Anschauung als Wirklichkeit hinter uns liegt, als vor uns liegendes Ideal; so ist ihre verlorengegangene Vergangenheit für uns die zu gewinnende Zukunft, ihre Erinnerung unsre Ahnung, ihre Trauer um den Verlust, unsre Hoffnung auf den Gewinn. Weil nun aber ganz unzweifelhaft dasjenige, was zu irgend einer Zeit Wahrheit gewesen, auch für alle Zeiten Wahrheit bleiben muß, und weil wir die Bibel für ein Buch voll heiliger, innerer Wahrheit halten, so zweifeln wir nicht daran, daß hinter der unwahr gewordenen physicotheologischen Umrahmung, ewig wahre Ideen stehen, welche nur auf die neue Weltanschauung übertragen zu werden brauchen, und welche übereinstimmend bleiben werden mit der Erkenntniß aller Jahrhunderte und Jahrtausende.

Dieses ist der Geist der neuen Protestanten des 19. Jahrhunderts, der sich erinnert, daß geschrieben steht: „Meine Worte sind

Geist und Leben. Wer da schwöret bei dem Tempel, das ist Nichts. Es kommt die Zeit, daß ihr weder auf diesem Berge noch zu Jerusalem werdet den Vater anbeten, sondern im Geist und in der Wahrheit. Denn der Vater will auch haben, die ihn also anbeten." —

V.

Zwei Sonnenstrahlen, von der Sonne ausgegangen,
Vergaßen unterwegs von wannen sie entsprangen.
(Rückert's Weisheit des Brahmanen V, 40.)

Da das in der Idee wahrhaftige Denken an und für sich auch das wahrhaft praktische Denken sein muß, weil die Idee der Dinge auch ihre wahrhafte Realität ist, und da Alles, was verkörpert werden soll, vorher in der Idee entstanden und festgestellt sein muß, so wollen wir hier, wo es sich nicht um Aufstellung praktischer Systeme, sondern um den ihrem Entwurf vorausgehenden freien Gedankengang des Geistes handelt, die Idee aufsuchen, von welcher die Versöhnung einer, wie wir gesehen haben im Zusammenhangsbewußtsein mit ihrer Kirche gespaltenen Gesellschaft ausgehen muß: die praktischen Wege zur Erreichung dieses Zieles müssen sich, wenn wir die Wahrheit erkennen, richtig entwickelt, in der Hand wahrheitsgetreuer Männer, organisatorischer Charaktere und staatsmännischer Entschlossenheit von selbst ergeben.

Unter der Berührung des ungeheuren Forschungstriebes, der unsre Zeit auszeichnet und in dessen Gefolge fast auf allen Lebensgebieten Erschütterungen aufgetreten sind, die eine allgemeine Umwandlung der früheren Begriffe mit sich führten, ist es vor Allem die zwischen Glauben und Wissen, den beiden Elementarkräften, auf denen das Gottes- und Weltbewußtsein unseres Geistes beruht, ausgebrochene Zwietracht, welche als eine der inneren Hauptursachen der ganzen, zwischen der Kirche und einem großen Theil der menschlichen Gesellschaft eingetretenen Entfremdung angesehen werden muß. Der Natur der Sache nach kann die wahre Vereinigung nur hergestellt werden, wenn die menschliche Gesellschaft neu durchdrungen wird vom Geiste der, zwischen dem wahren Glauben und dem wahren Wissen bestehenden Eintracht und wenn dieser Geist, der zugleich die ganze sittliche und intellectuelle Bildungsepoche der Zeit repräsentirt, zur Darstellung in einem Staat und in einer Kirche herangeführt wird, welche den wahrhaftigen Ausdruck des von der menschlichen Gesellschaft erreichten Gottes- und Weltbewußtseins unseres Zeitalters bilden.

Prüfen wir deshalb die ursprüngliche Natur und das Wesen des Glaubens und des Wissens, die Ausartung Beider und die Richtung, welche zu ihrer Wiedervereinigung führen kann.

Denken wir uns die menschliche Seele als die zu höchster Empfindungsfähigkeit gelangte Stufe, auf welcher die Materie zum unmittelbaren Organe des denkenden Geistes wird, so ergibt sich denkende Empfindungsfähigkeit, als das Kennzeichen unseres vernünftigen Wesens. Ist demnach, weil unsre Seele Gefühl und Verstand ist, die Herstellung der Einheit Beider, als ihrem Wesen nach gleichberechtigter Bestandtheile unserer Natur, unsere Aufgabe, so müssen wir auch die Funktionen Beider in Harmonie mit einander setzen. Nun ist es eine erfahrungsmäßige Thatsache, daß die denkende Empfindung unserer Seele durch die Betrachtung der Welt hindurch zu Gott führt, und daß in einer recht auf diesen ihren End- und Zielpunkt gerichteten Seele der Fühlweg des Glaubens die Ergänzung zum Denkwege des Wissens ist. Wir dürfen mithin innerhalb der unsrer Seele eigenthümlichen Verbindung von Verstand und Gefühl den Glauben als die nach der Seite des Gefühls, das Wissen aber als die nach der Seite des Verstandes hin sich entwickelnde Thätigkeit der auf Gott gerichteten Seele auffassen. Damit ist aber auch für Glauben und Wissen die Forderung der Einheit ausgesprochen. Und mit Recht.

Glauben und Wissen sind, da es uns hienieden nicht gegeben ist im reinen Schauen zu wandeln, unser irdischer Ersatz für die reine Erkenntniß der ewigen Wahrheit. Wie durch die ganze Schöpfung die Zwei (das Entzwei?) hindurchgeht, die erst zur Eins wiederverbunden, volle Lebensgestalt erhält, so auch Glauben und Wissen, die ja einst auch für uns in der reinen Erkenntniß Gottes und der Wahrheit wieder zusammenfallen sollen. Da der letzte Grund alles Wissens nun in Gott ruht, ebenso wie der letzte Grund alles Glaubens, so können Beide ihrem Wesen nach auch nur im Dienste Gottes vereint wirkende Kräfte und ihr einzig richtiges Verhältniß zu einander nur das der Bundesgenossenschaft und einer gegenseitigen Ergänzung der Gottes-, Welt- und Selbsterkenntniß für uns sein. Was wir wissen, das wissen wir von Gott. Da er in Allem ist, und zwar das Wesentlichste, das Leben in Allem, und da ohne ihn Nichts wäre, so können wir auch Nichts wissen, was außer ihm ist. All unser Wissen wird nun wohl immer mehr Material zur Erkenntniß seines über uns ausgegossenen und unseres ihn in uns aufnehmenden Wesens, aber alles Wissen ist und bleibt hienieden nur Stückwerk: wir sehen das Einzelne und schließen auf das Ganze. Da wir aber hienieden der festen Verbindung mit einem höchsten Wesen bedürfen, so geht unser denkendes Empfinden an der Grenze seines Wissens, seiner verstandesbegreiflichen Erkenntniß, der dem Gefühl eingebornen Ahnung eines höchsten Wesens folgend, in den Glauben an dasselbe über. An diesen Uebergangsgrenzen, welche für Zeitalter, Völker und Individuen verschieden sind, geschieht nichts Anderes, als daß über die Form des jemaligen, bis dahin dem Verstande unterworfenen und von ihm in seinem Inhalt und seiner Ausdehnung abhängigen verstandesbegreiflichen Wissens wieder eine neue, ebenso tiefe, feine und freie, auf dem weiterleitenden Gefühl beruhende Geistesthätigkeit hinauswächst, die für das Innere noch weiter arbeitet, als der Verstand bisher es vermochte, das Gebiet seiner sinnlichen Wahrnehmung auszudehnen. So nimmt die unvollkommene Erkenntniß unseres Gefühls ihre Zuflucht zum Glauben, wie die unvollkommene Erkenntniß unseres Verstandes ihre Zuflucht zur Hypothese nimmt — Glaube und Hypothese sind die Sprossen der Leiter, auf welcher Gefühl und Verstand zur Erkenntniß der Wahrheit emporsteigen. Der Glaube ist die tröstende und erhebende Kraft des Gemüthes, welche die, in den endlich beschränkten und zeitlich vorübergehenden Dingen der Welt unbefriedigt bleibende Seele überall auf das Unendliche und Ewigbleibende hinweist, und sie über allem Spiel der vergänglichen Kräfte die höher waltenden Mächte des Guten, einer allumfassenden Weltordnung, allerhöchster Weisheit, Freiheit und Liebe erkennen lehrt, deren ewige Gesetze das Wissen in ihren zeitlichen Erscheinungsformen feststellt. So ist das Wissen das Erfassen des zeitlich Erfüllten, der Glaube aber das Vorauserfassen des Ewigen, rein Geistigen, die Verlängerungslinie des Wissens zum Schauen, welche hinüberleitet aus dem menschlichen Geiste zum göttlichen Geist. Das Wissen wie hier, im Fortschreiten, in seiner rechten Thätigkeit gedacht, führt zu Gott; stillstehend, auf sich selbst ruhend, haftet es an der Materie und kommt dadurch nicht an das Licht, sondern in die Dunkelheit: ebenso der Glaube, wenn er stillsteht. Von beiden Kräften, dem Glauben und dem Wissen, gleich angezogen, schwebt die menschliche Seele in richtiger Mitte zwischen ihnen: wo das Wissen sie zu stark erdwärts ziehen will, hebt der Glaube sie zum höheren Heimathsgefühle empor, und wo der Glaube sie zu weit ihrem irdischen Boden entziehen will, leitet das verständige Wissen sie wieder in sichere Grenzen zurück.

Dies scheint uns das natürliche Verhältniß zwischen Glauben und Wissen zu sein, aber das Bestreben ihre Selbstständigkeit als Einzelkräfte nach Möglichkeit geltend zu machen, hat Beide von einander getrennt. Sehen wir, in welcher Weise dies geschehen ist — zunächst von Seiten des Wissens.

Alles verstandesbegreifliche Wissen des menschlichen Geschlechtes gelangt in das Bewußtsein unseres Geistes auf dem doppelten Wege der erfahrungsmäßigen Thatsache und des aus ihr folgernden Schlusses. Eine Thatsache, aus welcher kein Schluß, ein Schluß, der aus keiner Thatsache folgert, gibt kein Wissen: wie Donner ohne Blitz, Blitz ohne Donner noch kein Gewitter, sondern nur die Zwischenzustände dort der Ahnung, hier der Schwüle, die sich eben so leicht zerstreuen wie verdichten können. Die empirisch gewonnene Thatsache und der speculativ gewonnene Schluß sind die beiden unzertrennlichen Elemente, aus deren Vereinigung allein das Wissen hervorgehen kann. Mithin sind die beiden Hauptmethoden aller wissenschaftlichen Arbeit: die empirische und die speculative, untrennbar für die Erreichung ihres gemeinschaftlichen Objektes, des Wissens. Wie aber die Arbeit des Einzelnen zu einer Zeit seines Lebens mehr dem Thun, zur andern mehr dem Denken sich zuneigt; oder wie ein Mensch überhaupt vermöge seiner Organisation sein Leben lang ausschließlich diesem, der andre jenem zugewendet ist, und unter dieser Einzelvertheilung der Arbeit das Ganze desto besser fortrückt — so auch die Arbeit der menschlichen Gesellschaft. Die von einem Zeitalter hinterlassenen Thaten bedürfen oft des Nachdenkens eines ganzen darauf folgenden, bevor die Menschheit sich des Geschehenen klar bewußt geworden, von einem neuen Gedanken, den sie in sich aufgenommen, zu einer neuen That übergehen kann. — Aus diesem natürlichen Grunde wurde auch auf dem Gebiete des Wissens die Arbeit bald nach der empirischen, bald nach der speculativen Seite der Forschung hin betrieben — dort erobernd, hier organisirend — aber, eingedenk daß die Wahrheit nur in der Einheit beider Methoden liegt, wird eine der beiden Richtungen nie so ausschließlich eine dauernde Uebermacht sich anmaßen dürfen, daß die andre völlig erstickt wird. So groß ist aber in der That Macht und Herrschaft des Irrthums in der menschlichen Gesellschaft, daß das Bewußtsein ihrer einfachsten Wahrheiten ihr grade scheint am öftersten verloren zu gehen und deshalb am öftersten erneut werden zu müssen.

Da aber das zwischen Empirie und Speculation jetzt so sehr zu Gunsten der Erstern entschiedene Verhältniß nur durch eine richtige Ansicht über die Stellung, welche Thatsache und Idee zu einander einnehmen, ins Gleichgewicht zurückgeführt werden kann, so müssen wir uns zunächst über die Letzteren verständigen.

Idee und That sind untrennbar zu einander gehörige Aeußerungen des Geistes, der in ewiger Einkehr aus seinem unbedingten, übersinnlichen Sein in ein bedingtes sinnliches Sein und in ewiger Rückkehr aus diesem in jenes sich selbst begreift, indem er die Idee gleichsam ausathmet als That, und die ausgeathmete That gleichsam wieder einathmet als vollzogene Idee. Verkörperung ist das Ziel der Geistes-, Vergeistigung das Ziel der Körperwelt; in Idee und That ewig einander begegnend, tauschen Beide ihre Bestimmung für einander aus: die vollbrachte Idee führt zur Verkörperung der Geistes-, die vollbrachte That zur Vergeistigung der Körperwelt. So kann auf der einen Seite die Idee ebensowohl zum voranleuchtenden Lichte aller leiblichen Wege des Geistes, die That nur zum planetarischen Schatten werden, den sie hinter sich wirft, als auf der andern Seite wiederum die That zum selbstaufleuchtenden Körper werden kann, dessen Schein uns vom Lande der Schatten her das Reich des reinen Geistes wiederstrahlen läßt. So empfindlich aber ist die Wage aller solcher göttlich abgemessenen Verbindungen der Elemente, daß die leiseste Verschiebung der Atome das Gleichgewichtsverhältniß ihres Ursprungs aufzuheben vermag. Eine solche Verschiebung des Gleichgewichts hält gegenwärtig die Frucht der Forschungen unseres Zeitalters noch im Reifen zurück.

Die Richtung, welche den Geist des Wissens unserer Zeit beherrscht, die sogenannte analytische, streng wissenschaftlich erfahrungsmäßige Einzelforschung, die sich auf sichre, wissenschaftliche Feststellung der einzelnen Thatsachen stützt, ist mit Recht als Grundlage für die Sicherheit aller wissenschaftlichen Forschungen zu betrachten. Einer Wissensrichtung aber, die sich in den Boden des Erfahrungsmäßigen in einer, bis ins Kleinste hinein ausgeführten Lösung zahlloser Einzelaufgaben versenkt, schwindet, wenn sie ausschließlich sich selber überlassen bleibt, mit der in Hunderttausende von Bruchtheilen gehenden Zersplitterung ihrer Aufgaben das Zusammenhangsbewußtsein und die feste Richtung auf die Einheit aller einzelnen Theile unter sich. Dem Geiste, der als Bergmann in tausend Schachte und Stollen der Erde hinunterfährt, muß ein Geist sich gesellen, der, ein kühner Luftfahrer, aus der Höhe des Vogelfluges die großen Grundverhältnisse des Ganzen festhält. Die rein empirische Forschung kann wohl durch eine große Menge gelöster concreter Probleme, durch Entdeckung einer unberechenbaren Masse von Thatsachen alle Gebiete des praktischen Lebens und der intellectuellen Bildung der menschlichen Gesellschaft nach Außen hin benutzen, aber die andre Seite der höhern Aufgabe alles Wissens, eine durch gleichzeitige Hebung der sittlichen Erkenntniß bewirkte Veredlung der menschlichen Gesellschaft nach Innen hin, bleibt von ihr ungelöst. Eine solche Zeit schreitet materiell und intellectuell, aber noch nicht moralisch fort, denn sie hat die gewonnenen Entdeckungen noch nicht zu höheren Formen der Erkenntniß verbunden und geordnet, die Aufgabe der Feststellung einer mit einer neuen Stufe der Cultur auch nothwendig verbundenen neuen Stufe des Gottes-, Selbst- und Weltbewußtseins der Zeit noch nicht gelöst.

Eine solche Lage ist die unsrige. Fürwahr! ein staunenswerthes Werk ist es, welches der menschliche Geist von den Inspirationen seines Wissenstriebes geleitet, vor unsern Augen aufgerichtet hat. Mit der gesteigerten Tragweite seiner Sehkraft hat er die unermeßlichen Tiefen des Weltraums durchdrungen, ihren entferntesten Gestirnen die Verschlingungen ihrer Bahnen nachgerechnet. Durchs Luftmeer dem Fluge der Wolken und Winde folgend, hat er dort das Entstehen seiner Strömungen und Niederschläge, die Bahnlinien der Wärme- und Kälteverbreitungen gemessen. Aus dem Dunkel des Wolkenschooßes hat er dem Blitz den Weg seiner Niederfahrt zur Erde verzeichnet, den flüchtigen Lichtstrahl zum kunstreichen Bildner gefesselt und das Dunkel der Nacht zum Glanze des Tages aufgehellt. Er hat angefangen, die Begriffe des Raumes und der Zeit zu ändern. Ein gedankenschneller Bote seines Willens fliegt der elektrische Funke über die Erde. In Rauch- und Feuersäulen ihm vorangehend, trägt die gebändigte Macht des Dampfes ihn und seine Güter mit der Geschwindigkeit des Vogelfluges über den Planeten, läßt ihn auf schnellen Schiffen den Ocean in wenig Tagen durchfurchen und treibt, die Arbeitskraft des Menschen vertausendfachend, mit Riesengewalt seine brausenden Maschinen. — Seine Forschungen umspannen die Welt: vom starren Eis der Pole bis zur Gluth des Aequators, durch Steppen und Sümpfe, durch Eisfelder, Wüsten und Urwälder, im Kampfe mit den Elementen und mit barbarischen Horden dringen seine Boten zu den Quellen ferner Flußgebiete, wie zu den Höhen himmelragender Gebirge. Er hat die Erdrinde durchbrochen, ihre edlen Adern eröffnet, aus dem steinernen Grabe der Urweltscatacomben die Schätze einer seit Jahrtausenden in ihrem Schooß vergrabenen Pflanzen- und Thierwelt und mit den erklärenden Abdrücken der Bewohner seiner ältesten Schöpfungsperioden die Urzeitbilder des Planeten selbst heraufgeholt. Bau, Leben und Eigenschaften der Pflanzen und Thiere der Jetztzeit haben sich bis zu einer Welt des Kleinsten der Schärfe seiner Beobachtung erschlossen. Wenn er, dort sein Auge erweiternd, in den unabsehbaren Räumen des gestirnten Himmels unzählig viele Millionen Meilen weit entfernt schimmernde Nebelflecke als Myriaden neuer Welten erkannte, so vertieft er sich hier, sein Auge vergrößernd, in Studien von Welten deren Einzelgeschöpfe zu Millionen auf ein Loth und zu Hunderttausenden auf eine Stecknadelknopfgröße gehen; oder er zählt die Nerven des Spinnenfußes und die Facetten des Insektenauges; oder er nähert sich in den Untersuchungen über die Parthenogenesis und die Mikropyle dem Geheimniß des äußersten Ursprungs sich beseelender Lebensformen. Er fährt zum tiefuntersten Grunde der Meere hernieder, und nimmt, nicht nur den Gang ihrer Strömungen, sondern die Natur und Beschaffenheit ihres Bodens, das Leben ihrer Pflanzenwelt und ihrer Bewohner in seine Beobachtungen auf — vom Seeungeheuer an bis zu jenen, halb thier-, halb pflanzenartigen, lichtscheuen Wesen, die zwischen dem Gestein der Tiefe vegetirend, die ersten Anfänge im Reich der lebendigen Welt in sich zu schließen scheinen. — Er erhellt die dunkle Welt der Körper mit der Fackel der Wissenschaft und vertraut mit der Natur, den Eigenschaften, den Gesetzen der Verbreitung und Wahlverwandtschaft der Stoffe, mit ihrer Anziehungs- und Abstoßungskraft, ihrer Liebe und ihrem Hasse, trennt und bindet er sie nach Wahl und Zweck zu neuen Combinationen. — Unter seinen Händen hat sich der Ackerbau durch die Vermehrung der Fruchtbarkeit des Bodens, der Handel durch Eröffnung zahlloser Erwerbs- und Absatzquellen, Kunst und Gewerbe durch die Erweiterung des Nützlichen und Schönen in ihren alten Grenzen tausendfach ausgedehnt. Er hat für sie Wildnisse geebnet, einst von ewigem Nebel umhüllte Länder dem Licht der Sonne zugänglich gemacht, er hat für sie eiserne Schienen über Schluchten und Cataracte geworfen, Felsketten durchbrochen, Berge durchstochen, seit der Urfluth von einander getrennte Welttheile durch den elektrischen Strom verbunden, seit Entstehung der Welt verbundene, durch Riesenwerke und Canäle von einander getrennt. Nicht genug. In die Geschichte seiner eigenen Vergangenheit zurückgehend, hat er die Denkmäler seiner längst entschwundenen Zeiten wieder aufgesucht, von ihrem Schutt befreit, ihre Runen und Hieroglyphen befragt und die Zeugnisse seiner innern Welt durchforscht, um sich in ihnen auf sich selber zu besinnen und sich der Lösung des Räthsels seines Daseins zu nähern.

Aber — soll das Ganze nicht dennoch zu einem neuen Thurmbau von Babel im geistigen Sinne werden, bei dem sich die Seelen verwirren wie bei jenem ersten die Zungen, so wird über alle diese Arbeiten eine neue Ausgießung des heiligen Geistes kommen müssen. Im Jagen nach den neuen Gütern, im Stolz auf die gewonnenen, im habgierigen Verlangen nach den noch zu erreichenden, ist die Leidenschaft der Zeit mit der krampfhaften Heftigkeit auf Genuß und Besitz gerichtet, die immer eine, äußern Umwälzungen vorangehende innere Verfallszeit der Gesellschaft bezeichnet. Uneingedenk, daß es die höchste Aufgabe der Menschen ist, durch das Zeitliche also hindurchzugehen, daß darüber das Ewige nicht verloren werde, sagt die, ein neuer Osymandyas, auf ihre Riesenarbeiten deutende Welt: seht unsre Werke! wir arbeiten, aber nun laßt uns auch genießen so lange wir jung sind, lasset uns essen und trinken, — denn morgen sind wir todt! —

Ein erreichter Reactionspol in dem fortwährenden, nicht nur durch die Unvollkommenheit der menschlichen Natur überhaupt bedingten, sondern für die Bewegung des Ganzen noch unentbehrlichen Wechsel der bewegenden Kräfte ist der in unsrer Zeit zwischen Speculation und Empirie so überwiegend zu Gunsten der Letzteren sich entscheidende Streit über „Geist und Materie", mit dem zuletzt von ihm ausgegangenen Materialismus, dessen Consequenzen, nur nach entgegengesetzter Seite hin, mit derselben Einseitigkeit und anspruchsvollen Miene auftreten, wie vor ihm ein an mystischen Synthesen reicher Idealismus. — Von allem metaphysischen Zusammenhange sich losreißend, nur in das physische Gebiet sich vertiefend, ist diese materialistische Richtung des Geistes, wie es nicht anders sein konnte, da sie ausschließlich von der Analyse des Endlichen ausgeht, zu dem Resultat gelangt, Alles auf das wechselnde Spiel der Zusammensetzung leiblicher Atome, auf die materiellen Funktionen des leiblichen Organismus und die entsprechenden Consequenzen zurückzuführen. Daß das Leben noch etwas Anderes sei als das Muskelzucken unter den Schlägen der voltaischen Säule oder die elektrische Reizung der Muskelfasern und Nerven, daß es nicht an die Kalkerde des Knochengerüstes, den Stickstoff des Muskelgewebes und das phosphorsaure Hirnfett der Nerven, sondern an ein höheres Element gebunden ist, welches diese ab- und zufließenden Stoffe zum Organismus gestaltet, daß dieses Element, obwohl es aus der Natur hervorwächst, nie erschöpfend von den Ergebnissen der Naturwissenschaft erklärt werden kann, und daß da wo die Grenze der sinnlichen Erkenntniß liegt, wo die Herrschaft des physikalischen Organismus aufhört, das Walten eines andern Principes beginnt — dieses tief ins Herz und Bewußtsein der Menschheit geschriebene Gefühl zu theilen, empfindet sie, weil keine sinnlich faßbare Nöthigung vorliegt, auch keine geistige Nöthigung mehr, und scheut sich nicht dem Begriff der Menschheit die höchste Eigenschaft des Geistes, seine Immaterialität zu entreißen, dem Weltbewußtsein den eingebornen Besitz der Erkenntniß zu rauben daß sich hinter dem Schleier in den für uns das Geheimniß des Seins gehüllt ist, ein Räthsel birgt, ein Sein lebt, größer als die uns sinnlich umgebende und bedingende Natur. Die Folgen, welche diese Richtung in die bürgerliche Gesellschaft trägt, die gemeine Nützlichkeitsphilosophie, der Unglaube, die Genußsucht, die Besitzgier, die sich an ihre Ferse heftet, die dämonische Anziehungskraft, die sie auf eine Masse ausübt, welche ihre größte Genugthuung immer darin findet, sich der Sinnlichkeit zu überlassen, und in der der Glaube an ein Glück das nur von Innen her kommt, so schwer Wurzel faßt — alles dies läßt es an der Zeit erscheinen, daß diese Richtung ihr Ende finde und die Grenzen angewiesen bekomme, welche sie innehalten und ehren muß, wenn von der Wissenschaft unsrer Zeit nicht einst gesagt werden soll, sie habe die Menschen zu Richtungen geführt, die sie von Allem entfernten, woran vor ihr die Gesetze innerer Würde festzuhalten geboten.

„An ihren Früchten werdet ihr sie erkennen!" — wo solche Folgen reden, bedarf es der Erneuerung des Geistes, der sie geboren. Und so rechtfertigt sich thatsächlich das jüngst erschollene Wort von der „Umkehr der Wissenschaft" — allein die Welt, in die es geworfen wurde, gab sich die Mühe nicht, seine tiefere Wahrheit zu erforschen. Eine Umkehr des Wissens fordern auch wir: d. h. wir fordern, daß die Wissenschaft sich nicht einseitig in den empirischen Forschungen verliere, sondern daß sie dem Geiste treu bleibe, von welchem die Dinge ausgehen und zu dem sie zurückstreben. Der Geist aber, welchem die Dinge folgen und zu dem sie zurückstreben, ist — Gott. Zu diesem Einigungs- und Sammelpunkte aller Dinge müssen die zerstreuten Kräfte des Wissens zurückkehren, und von ihm aus den Kampf um die Wahrheit von Neuem beginnen. Bloße, sinnliche Erfahrung ohne diese Beziehung zersetzt die gewonnenen Erkenntnisse nur immer weiter ins Atomistische hinein und führt die Geister in immer schrofferen Zerklüftungen auseinander statt sie in immer innigeren Verbindungen zur Einheit in einander überzuführen. — Wir würden einen Mann in der Ausführung seines persönlichen Lebens weder lieben noch bewundern können, den wir nur immer rastlos vorwärts drängen sähen ohne daß er je das Vorwärts mit dem Rückwärts, den Fortgang seines Weges mit dessen Anfang, den Quellen seines Lebens, in planvolle Verbindung setzte. Wir würden sagen, der Mann lebe ohne leitende Idee, und ließe sich nur vom Strom der Kräfte weitertragen. Anders verhält sich aber auch das Wissen nicht, wenn es von seinem Ursprung aus Gott abstrahiren und als bloßes Menschenwerk nur von sich selber wissen will. Ein Strom, der sich von seinen Quellen isolirt, versiegt: eine Kraft, die sich nicht beständig in ihrem höheren Ursprung erneuert, verfällt — denn sie ist eine Scheinkraft. Ein Wissen, das weder in seinem Anfang noch in seinem Fortgang und Ende an Gott anknüpfen, und in dieser Verbindung nicht beständig sein inneres Lebensprincip erneuern will, ist ein todtes Wissen.

Was der flammenden Wißbegierde unserer Zeit verloren gegangen ist — das Zusammenhangsgefühl mit Gott — wird sich ihrem Bewußtsein wieder erschließen, wenn sie zur Demuth zurückkehrt, die das wahre Kennzeichen aller geistigen und seelischen Größe ist. Der Vater der Geister erhebt nur diejenigen zur Erkenntniß, die sich vor ihm demüthigen. Von jeder eitlen Selbstüberschätzung seines Wesens sich befreiend, und in allen seinen Forschungen, deren Ergebnisse einander ja in so vielen gleich berechtigten Gebieten des Lebens diametral gegenüberstehen, immer und immer wieder die Annäherung an den in der Erkenntniß Gottes ruhenden Einigungspunkt aller menschlichen Erklärungsweisen aufsuchend, muß der Geist des Wissens unserer Zeit sich der Grenzen seines Kreises bewußt werden und dem großen, darüber hinaus liegenden Gebiete denselben freien Spielraum gewähren, den er für sich selber fordert. Wie der einzelne Menschengeist erst in der Erkenntniß seiner persönlichen Begrenzung zur Ruhe der Seele und mit dieser zu Sicherheit und Wahrheit, Einfachheit und Größe in seinem Wesen gelangen kann — so auch der Geist des Wissens.

Fassen wir in der Kürze den entwickelten Gedanken noch einmal zusammen: das Wissen ist doppelter Natur: empirisch (erfahrungsmäßig, dem Sinnlichen zugewendet) und speculativ (das erfahrungsmäßig Gewonnene zur höheren Erkenntniß hinüberleitend, dem Uebersinnlichen, Geistigen zugewendet); wo das Wissen zur Wahrheit führen soll, müssen beide Elementarbestandtheile im Gleichgewicht sein. In dem Verhältniß Beider aber finden beständige Schwankungen statt, welche die verschiedenen Entwicklungsepochen des menschlichen Geistes bezeichnen, die einander aber ablösen müssen, wie beim Gehen ein Fuß den andern. — Gegenwärtig fußt das

Wissen auf der Empirie: da das zu lange und einfache Verweilen und Vertiefen auf diesem Standpunkte den Geist des Wissens zu Schlüssen führt, welche dem eingebornen, höhern Bewußtsein der menschlichen Gesellschaft widersprechen, so ist es nothwendig, daß das empirische Element sich wieder mit dem speculativen verbinde und die gewonnenen sinnlichen Erkenntnisse zur Schöpfung einer höheren und freieren sittlichen Ideenwelt hinüberleite. In dieser Verbindung die sinnlichen Erfahrungen auf das der menschlichen Gesellschaft innewohnende geistige Erkenntnißvermögen anwendend, entwickelt sich das Wissen, wie es von Gott herstammt, auch in fortschreitender Erkenntniß seines Wesens, durch den Menschen hindurchgehend, wieder zu Ihm zurück. Nur so gestaltet tritt das Wissen in seinem wahren Wesen auf, und diese Gestaltung herbeizuführen ist die, im Interesse der öffentlichen Wohlfahrt zu lösende Aufgabe, welche das wahre Wissen dann auch wieder mit dem wahren Glauben verbinden muß.

Auch auf dem Gebiete des Glaubens treffen wir auf eine empirische und eine speculative Seite, deren richtiges Verhältniß zu einander das Wesen des wahren Glaubens ausmacht, deren Mißverhältniß zu einander auch hier der Grund tiefgehender Störungen ist. Die empirische Seite des Glaubens ist die Geschichte der Entwicklung des Gottesbegriffes in der ganzen Menschheit, welche nur als Ein großes, zusammenhängendes und unter denselben allgemeinen Bedingungen continuirlich sich entwickelndes Ganze, nicht von einzelnen Momenten oder Individuen aus verstanden werden kann. Sie sucht in allen Zeitaltern, Völkern und Religionen unpartheiisch die Art und Weise ihrer Verbindung mit Gott, die geschichtlich zurückgelegte Bahn und den erfahrungsmäßigen Fortgang der Entwicklung des Gottesbegriffes auf. Die speculative Seite des Glaudens aber ist das damit fortschreitende Ergebniß des zu einheitlicher Anschauung ins Bewußtsein aufgenommenen und mit der Weiterentwicklung der menschlichen Gesellschaft überhaupt auch immer neuen Entwicklungen entgegenwachsenden Gottes-, Welt- und Selbstbewußtseins des menschlichen Geschlechtes. Abweichend von dieser seiner ursprünglichen, natürlichen und psychologisch begründeten Auffassung, welche den Glauben als eine freie, selbstständige, aus dem Innersten der Menschheit hervorgehende und auf Gott gerichtete Thätigkeit der Seele faßt, stellt die Kirche den Begriff des Glaubens als das Fürwahrhalten einer in ihrem Besitz befindlichen positiven übernatürlichen Gottesoffenbarung und gewisser damit verbundener Lehrsätze fest und erklärt diesen ihren, den kirchlichen, allein für den wahren Glauben. Die Folge dieser zwischen der Kirche und einem immer wachsenden Theil der menschlichen Gesellschaft obwaltenden Verschiedenheit des Glaubensbegriffes ist seit dem 18. Jahrhundert, der sogenannten Aufklärungsperiode, eine steigende Abnahme der Anhänger der Kirche: die von ihr festgestellten Sätze sind zwar geblieben, aber die Bestätigung derselben von Seiten des Bewußtseins der Zeit hat großentheils aufgehört, und in natürlicher Folge einer so unheilvollen Trennung zwischen der Kirche und der Gesellschaft ist der Glaube überhaupt im Abnehmen, weil das, was die Autorität der Kirche zu glauben gebietet, sich nicht mehr mit der vernünftigen, selbstdenkenden Betrachtung verträgt.

Die Völkerverschmelzung des römischen Weltreiches hatte, wie wir in unserer geschichtlichen Betrachtung sahen, als geistiges Hauptergebniß des Zusammenflusses der bis dahin getrennten nationalreligiösen Bewußtseinsformen der alten Welt, die Begründung einer Religion zur Folge, in welcher die aus ihrem jüdischen Nationalcharakter durch Christus befreite und verklärte altorientalische Gottes- und gottmenschliche Glaubensidee den Sieg über die zur Gestaltung einer neuen Weltreligion unfähigen Systeme hellenisch-römischer

Philosophie davontrug. In dem Maße aber, als die neue Religionslehre, zur Staatsreligion erhoben, von der Kirche als ihrer alleinigen Inhaberin monopolisirt wurde, ging aus dem Bestreben, den Werth ihres Besitzes in den Augen der Welt und damit die eigne Macht und Herrschaft über die Gemüther möglichst zu erhöhen, die Entrückung dieser Religion aus der rein menschlichen, natürlichen Sphäre in eine übernatürliche hervor. Die Erkenntnisse und Lehren der neuen Religion werden aus Reihe und Zusammenhang mit den natürlichen, geschichtlichen Entwicklungsformen des Gottesbewußtseins herausgehoben, auf einen besondern traditionellen Boden gepflanzt, durch Umgebung mit übernatürlichen Thatsachen scharf abgegrenzt und die Forderung des historischen Glaubens an diese bestimmte, übernatürliche Entstehungsgeschichte der Lehre als eine vom Glauben überhaupt unzertrennliche erhoben. Es geschah mit andern Worten dem Christenthum etwa dasselbe, als wenn die protestantische Kirche die Reformation nicht aus der großen Umwälzung der religiösen Richtung erklären wollte, welche im 15. und 16. Jahrhundert die Gemüther ergriff, sondern vielmehr einzig und allein durch die Person Luthers, durch um ihn gruppirte Thatsachen — und als wenn diese Kirche sich, als von Luther gestiftet, im alleinigen Besitz der Wahrheit halten, alles Andre aber verwerfen wollte, was nicht allein aus dem Glauben an die Person Luthers, aus seiner Lehre, und aus der Geschichte seines Lebens und Wirkens hervorginge. Es wäre dies eine Glaubensoctroyirung, eine Vermischung von Wahrheit und Irrthum, eine einseitige empirische Abgrenzung und Erklärung einer historischen Thatsache und ihrer Zusammenhänge, die es unendlich schwer gemacht haben würde, den spätern, von Zweifel bewegten und doch glaubensbedürftigen Geschlechtern die Grenze zu bezeichnen, an welcher die ewige Wahrheit gewisser Religionssätze aufhört und die Priestererfindung beginnt, und die Gemüther vor einer Religion zu bewahren, welche göttliche Wahrheiten und menschliche Satzungen zu einem kaum mehr unterscheidbaren Gemenge zusammenschmilzt.

Aus dieser Einengung, welche das empirische Gebiet des Glaubens in gewisse, als thatsächliche Begebenheiten von der Kirche festgestellte Momente seiner jüdisch-christlichen Entwicklungsgeschichte hineinbannte, mußten ähnlich beengende Folgen für die speculative Seite des kirchlichen Glaubens hervorgehen. Die Kirche mußte die von ihr selbst empirisch festgestellten Grenzen innehalten, und der Geist ihrer Forschung sich von der eintönigen Arbeit in der Tretmühle einer Scholastik betäuben lassen, welche sich immer mehr und mehr von allen einfachen und natürlichen Begriffen entfernte. Jede fortschreitende Erkenntniß der menschlichen Gesellschaft, jedes neugelöste Problem, sei es über die menschliche Natur, sei es über die Beschaffenheit und Gestalt der Erde, über den Lauf der Gestirne, über Geschichte und Alter der Welt, oder was sonst, mußte mit den in dem Schriftdenkmal der jüdischen Religionsgeschichte niedergelegten Anschauungen in Uebereinstimmung gebracht werden können oder verworfen werden. Weit entfernt, daß diese Zeiten hinter uns liegen, befindet sich vielmehr die Kirche noch immer in dieser Stellung zur menschlichen Gesellschaft, wenn auch der Kampf mit weniger grausamen Mitteln und Waffen und weniger offner Gewalt geführt wird, weil Macht und Herrschaft der socialen Ideen der letzten Jahrhunderte die hierarchischen der vorigen überflügelt haben. Eine immer wachsende Fluth von Thatsachen und Entdeckungen, die sich nicht mehr in Uebereinstimmung bringen lassen mit den auf Dogma und Bibel sich stützenden Glaubensforderungen der Kirche, zeigt der Welt, daß die ihr angewiesene Glaubensgrenze zu eng für das über sie hinausgewachsene Bewußtsein der menschlichen Gesellschaft geworden ist. Die Störung in dem religiösen Zusammenhange der Kirche und der Gesellschaft aber zeigt die Merkmale eines Interim, eines Zwischenzustandes, der eine entscheidende Crisis in sich birgt.

Wie wir bei der Betrachtung des zwischen Glauben und Wissen bestehenden Zwiespaltes, von Seiten des Wissens das Heraustreten der Wissenschaft aus einem einseitigen Verharren in seinen bisherigen empirischen Grenzen und den Uebergang zum speculativen Sammeln der Erkenntnisse als Forderung der Wiedervereinigung des Glaubens und Wissens erkannten, so erkennen wir Seitens des Glaubens das Heraustreten der Kirche aus einem einseitigen Beharren auf der bisherigen empirischen Grundlage und den Uebergang zur speculativen Aufnahme, Ausbildung und Feststellung des von der menschlichen Gesellschaft erreichten Gottes=, Welt- und Selbstbewußtseins als die entsprechende Gegenforderung an. Von der Aufnahme dieser Idee ausgehend, muß die Kirche den eigentlichen Kern der Glaubenssubstanz, das Verhältniß des Menschen zu Gott, einfach und naturgemäß ins Bewußtsein der großen menschlichen Gemeinde bringen, sie muß treu und wahr an das Gewissen, an das Gemüth, an das Leben, an die Erkenntnisse und an die verschiedenen Formen und Grade der Fassungskräfte der Seelen sich wenden, um, in freier Anknüpfung an die erweiterte Weltanschauung, deren Ergebnisse nicht hinweg zu läugnen oder zu verdammen, sondern zu höheren Formen der Gotteserkenntniß zu verklären. Channing und Parker haben hier einen Weg gewiesen, dessen begeisterte Aufnahme zeigt, wie froh unsre Zeit die Geister aufnimmt, die ein Verständniß für sie besitzen. Was diese Richtung auszeichnen muß, ist die Hervorhebung des reinen und wahren Menschenthums unsrer Religion, die Befreiung der Verehrung ihres Stifters von allen übernatürlichen Zuthaten, die Entfernung von einer übernatürlichen Verwebung seiner historischen Persönlichkeit mit dem, dem tieferen Glauben aller Zeiten und Gemüther innewohnenden und mehr oder weniger bewußt ausgebildeten Grundgedanken des Gottmenschen, der sich als das Bewußtsein ausspricht, daß der Mensch, aus Gott geboren, das Bild Gottes in sich tragend und die Stimme Gottes in seinem Gewissen vernehmend, in dieses Gotteskind hineinwachsen und der bloße natürliche Mensch sich zum Menschen nach Gottes Ebenbild und Willen, zum Gottesmenschen gestalten müsse. Die Welt wird Christum nicht weniger lieben, wenn sich Alles, was sie beruhigt und stärkt, erhebt, tröstet und leitet, an seine edle Gestalt anlehnt, ohne sie in das Zwielicht einer übernatürlichen Gottmenschlichkeit zu setzen. Und, indem wir uns erinnern, daß der Opferdienst aller alten Religionen auf der Anschauung beruht, in dem Blute, welches die ältesten Anschauungen der Welt für den Sitz der Seele hielten, die Seele selbst zu Buß-, Reinigungs-, Dank- und Sühnopfer vor dem Herrn darzubringen, wird „das Blut, mit dem wir erkauft sind," gefahrlos seine Stelle im Begriff der Menschheit vertauschen können mit der im Blut entströmten Seele Christi als derjenigen Stätte, die uns in Gott aufnimmt, wenn wir sie in uns aufnehmen, und wenn wir, unseres höchsten Meisters Bild vor Augen, uns in ihm und in den Tiefen seines gottgeweihten Gemüthes erneuern, das allen Glauben, alle Liebe, alle Hoffnung auf den setzte, den wir Alle unsern himmlischen Vater, und dessen Kinder wir uns Alle nennen sollen. — Alles in der Welt hat seine Zeit, aber darum eben auch seine Unzeit. Es mag einen Tag gegeben haben, an dem es zweckmäßig war, der Welt zu sagen, ein Gottmensch habe sie durch sein Blut erlöst, — aber es ist, wenn wir uns nicht irren, seitdem der Tag angebrochen, an welchem es Pflicht ist, der Welt zu verkünden, daß es von Ewigkeit zu Ewigkeit auf dem Altare aller Zeiten, Völker und Religionen nur Ein Opfer vor dem Herrn gegeben hat, gibt und geben wird, das er verlangt und das ihm wohlgefällt, und dieses ist die Ihm und seinem heiligen Willen sich weihende und in der innern Sammlung sich zu immer neuer Heiligung ihm darbringende Seele — ihre tägliche Heimkehr zu Gott aus ihrer sich täglich wiederholenden Verirrung im Irdischvergänglichen. — Das angenehmste Opfer, sagt schon Plutarch, ist die zum Tempel Gottes geweihte Seele.

VI.

Daran wird Jedermann erkennen, daß wir Christi Jünger sind, so wir Liebe untereinander haben.

Der Glaube der neueren, intellectuellen Weltanschauung will also nicht etwa den nun fast zweitausendjährigen Baum, den Millionen segnen, abhauen und ins Feuer werfen: aber er will, daß Hand angelegt werde, die wilden Triebe sorgfältig und vorsichtig zu entfernen, welche dem edlen Stamme entsprossen sind, damit seine Säfte in die rechte Bahn gelenkt und die knospentragenden Zweige zur Erzeugung neuer Fruchternten für die Zukunft geschickt gemacht werden. Er will auch nicht, bilderstürmischen Sinnes voll, die ganze Gestalt ohne Weiteres zertrümmern, in welcher das tiefe Sinnen der Menschheit die Glaubenssubstanz in einer, dem versinnlichungsbedürftigen Gemüthe ihrer Zeit nothwendigen und zusagenden Form aus ihrem Schooße gebar! aber er will, daß die Lehre unsrer Zeit statt des über die Symbole abgelagerten Dunkels ein volles und freies Licht auf die ihnen innewohnenden Ideen fallen lasse. Er will nicht alle Autorität stürzen. Er ehrt Autorität und Erfahrung als die leitenden Hauptmächte und erkennt in einer auf der vollerfaßten Erfahrung der Zeiten ruhenden Autorität das wichtigste Element im Haushalt der menschlichen Gesellschaft, ihre sicherste Grundlage: aber er sucht die Erfahrung in der Continuität, nicht in der Isolation der Erscheinungen. —

Das Wesen der Religion, sagen diese neuen Protestanten des 19. Jahrhunderts, befaßt unserer tiefsten Ueberzeugung nach, nicht nur die engere Seite rein persönlicher Gefühlsbeziehung des einzelnen Menschen zu Gott in sich, noch auch blos wahlverwandtschaftlich erzeugte Gruppen von Verbindungen zwischen ähnlich denkenden und fühlenden religiösen Naturen: sondern das wahre Wesen der Religion befaßt die höhere Forderung einer, vom Bewußtsein wo möglich aller Glieder der menschlichen Gesellschaft getragenen, zu einer übereinstimmenden Richtschnur des Lebens und Handelns verbindlich machenden Gemeinschaftlichkeit der innern Ueberzeugungen, durch welche die Menschheit der zu ihrer Einheit erforderlichen Uebereinstimmung in den wesentlichen Grundzügen ihres Charakters entgegengeführt werden kann. Die Religion ist ihnen mithin nicht bloße Herzenssache, sondern ein, zur innern und äußern Einheit der ganzen großen gesellschaftlichen Verbindung des Menschengeschlechtes nothwendiges Princip der sittlichen Gemeinsamkeit. — In dieser Gestalt bedarf ihr Glaube erst recht der Kirche und von ihr aufgestellter, aus der Erkenntniß der menschlichen Natur und des menschlichen Geistes abgeleiteter Lehrsätze und Vorschriften. So wollen auch diese neuen Protestanten ein religiöses Kirchenregiment, als feste Autorität, welcher der Einzelne sich in Selbstbeschränkung frei unterwerfen kann und muß, weil dies ein in dem nach fester Gestalt und Ordnung verlangenden Gemüth des Menschen beruhendes, erfahrungsmäßig begründetes Bedürfniß des menschlichen Geistes aller Zeiten, ein Postulat der Verfassung der Gesellschaft ist. Aber sie wollen, daß diese Autorität fernerhin der Zustimmung derjenigen Macht sich versichert, welche den denkenden Menschen vom Thier unterscheidet, und welche wir die göttliche Gabe der Vernunft nennen. Sie wollen die Autorität des sittlichen Geistes der Bibel und die Autorität des sittlichen Geistes Christi zu Grund und Spitze ihres Glaubens machen, aber nicht den Buchstaben der Ueberlieferungen. Sie wollen, daß die Kirche sich in diesem Geiste in ihr selber erneuere unter dem Beistande des heiligen, weltregierenden göttlichen Geistes; daß sie sich mit Männern umgebe, wie sie die Zeit bedarf, nicht mit automatischen Vollstreckern des alten, sondern mit kräftigen Vermittlern des neuen Lebens. Sie erwarten das Werk dieser Erneuerung nicht unmittelbar durch einen Akt plötzlicher und gewaltsamer Reformation, sondern als das langsam, durch Menschenalter hindurch reifende Ergebniß eines allseitigen Entgegenkommens der Kräfte der menschlichen Gesellschaft. Eine volksthümliche Mittheilung der neugewonnenen Erkenntnisse und der aus ihnen hervorgehenden religiösen Begriffe muß es sich zur Aufgabe machen, in das Haus der in die neue Gottes- und Weltanschauung einzuführenden Familie mit der Erweiterung ihres intellectuellen Gesichtskreises gleichzeitig auch eine Vertiefung ihrer sittlichen Erkenntniß und ihrer religiösen Gefühle zu tragen. Denn es ist die oberste Pflicht derer, die für die Verbreitung der Bildung arbeiten, dafür zu sorgen, daß das Gemüth des Volkes nicht die alten Schranken seines Denkens und Empfindens, in die es hineingeboren und durch lange Gewohnheit versenkt ist, einer neu einströmenden Lebensatmosphäre erschließt, ohne mit ihr zugleich das Gefühl zu empfangen, daß es sich mit einer reineren Lebensluft erfüllt. Deshalb: eine volksthümlich wissenschaftliche Literatur mit Beziehung auf Religion und Glauben.

Der in Haus und Familie eingeführte Geist muß sich in der Schule wiederspiegeln, welche unsere Kinder aufnimmt. Erst aus einer in die neuen Anschauungen hineingebornen, frei vom Wust verzerrter Glaubensvorstellungen erzogenen Jugend wird die sittliche Umgestaltung der Gesellschaft hervorgehen können. Deshalb: ein freies Lehramt.

In die Kirche selbst aber kann der Geist der Wiedergeburt des

Glaubens durch eine zeitgemäße Entwicklung des Gottesbewußtseins der menschlichen Gesellschaft auf dem Wege nicht eindringen, der mit der Constituirung freier Religionsgesellschaften betreten worden ist. Sei das Mittel selbst auch noch so natürlich aus der Nothwehr der Gesellschaft gegen den Glaubenszwang der Kirche hervorgegangen, so ist es doch nur eine Scheinlösung und Vertagung der religiösen Frage. Denn der Grund zu dem Bau der Kirche unsrer Zeit kann nur auf dem Fundament ihres alten Weltbau's errichtet werden: ist dies, wie wir glauben, ein ewiges, so lassen sich nur aus ihm alle diejenigen Formen entwickeln, welche aus der innern Nothwendigkeit des menschlichen Geistes fortschreitend hervorgehen. Deshalb: Reformation in ihrem eignen Schooße. Erforschung und Freilegung ihrer Fundamentalsätze, Kritik ihres Erfahrungsmaterials, Revision ihrer Dogmen, Feststellung der älteren, gegenüber den neugewonnenen Begriffen über die menschliche Natur, Untersuchung und Vergleichung der Lehrsätze, welche die im Schicksal und Leben des Menschen enthaltenen Probleme lösen, Bestätigung oder Berichtigung der aus dem vorhandenen System richtig oder irrthümlich gezogenen Folgerungen der geschichtlichen Lehrentwicklung, Herstellung einer Regula fidei. Schutz des Staates für die Arbeiter in diesem Sinne innerhalb der Kirche. Oder soll die Reformation im Geist nur dadurch zu Stande kommen, daß sich, wie bei der ersten die allgemeine Mutterkirche, so nun die Tochterkirche in Splitter zerlegt und von dem politischen Element aufgelöst wird? Wer, wenn er in die wildbewegte Masse hineinblickt, möchte behaupten, daß unsre Zeit nicht vor allem der Wiedergeburt der Kirche als einer starken und Einigen Heilsanstalt bedarf? Daß eine solche aus den innersten Tiefen unseres Gemüthes emporwachse und uns vereinige, ist das Bedürfniß, der Entschluß, der Wille aller bessern Elemente unserer Zeit: aus den verworrenen Klängen einer Welt, die von Leidenschaft durchwühlt, von trügerischem Wesen geblendet, von der Anziehungskraft des Irdischen beherrscht, hat auch ein Ton der Sehnsucht nach dem „Einen was Noth ist“ sich losgelöst und schwillt an mit einer Macht, welche Mauern, fester wie die zu Jericho, erschüttern, und auch die Kirche zwingen wird, den Geist auszuliefern, den sie gefangen hält, und der, seiner Hüllen entkleidet, sich als kein andrer erweisen kann, als der Geist der allgemeinen Liebe und Vernunft, in welchem wir uns alle als Kinder Eines Vaters zu fühlen berufen sind.

Ein ernster und empfänglicher Sinn muß in treuer Betheiligung an dieser edelsten menschlichen Arbeit dem Geiste entgegenstreben, der, ein neuer Säemann des göttlichen Geistes, seine Körner über das weite Feld der Menschen auszustreuen kommt. Eine so innerlich belebte Arbeit der Wiedergeburt unseres Glaubens und Wissens, die Arbeit jedes Einzelnen, deren Summe erst eine wahrhafte Annäherung des Ganzen zu einer neuen Stufe christlicher Vollkommenheit im Geiste gibt, verspricht, ernstlich in das Leben des Volkes eindringend, die alten Formen allmählig ohne die Gefahr plötzlich auflodernder Brände zu durchleuchten, umzuschmelzen und sich den rechten Leib zu ihrer Darstellung in Staat und Kirche zu bilden. Ist ein solcher Geist nur erst wirklich am Erwachen, so ist sein Fortgang auch schon gesichert. — Ehe eine Zeit aufbricht und weiterzieht, schickt sie, wie man gesagt hat, fähige und vertraute Menschen voraus, um das neue Lager abzustecken. So oft neue Wahrheiten unter den Menschen erscheinen, werden sie zuerst an hervorragenden Geistern sichtbar, wie die aufgehende Sonne zuerst die Gipfel der Berge erleuchtet. In ihren Seelen spiegelt sich ihre Zeit. In ernster Arbeit, in festem, männlichen Ringen nach Erkenntniß, in treuer Liebe zur Mitwelt, in Selbstverleugnung, in Harren und Mühen, in Sturm und Drang, in Kampf und Noth sind auch in unsrer Zeit schon Geister thätig, die vorbereitende Aufgabe zu lösen, die eine höhere Macht auf sie gelegt hat. Sie sammeln die zerstreuten Lichtstrahlen der Erkenntniß ihrer Zeit, bringen sie zu Ordnung und Klarheit, tragen, der Eine in mächtigen

Quadern, der Andre in Sandkörnern das Material des neuen Baues herbei: bis der Mann erscheint, der den Geist Gottes hat und mit starker Hand vollendet, was sie vorbereiteten.

Solche Geister und ein solcher Meister werden auch unsre Zeit vollenden und das unsterbliche Princip der Reformation einer neuen Stufe seiner Entwicklung, der Reformation im Geiste entgegenführen.

So demüthige sich denn für diesen Zweck jeglicher Geist und insbesondere der Geist des Wissens und des Glaubens vor dem Vater aller Geister und suche ein Jeder nicht blos das Seinige, sondern die wahren Wege zur Einheit. In Demuth einfach geworden, wird unser Herz das reine und einfache Licht dann fassen, in welchem, wie alles Menschliche, so auch Glauben und Wissen sich in Liebe die Hand reichen soll. Und je mehr die Liebe unter uns Allen wächst, desto leichter wird unsre Arbeit sein, und in desto reicherer Mannigfaltigkeit werden sich unsern wiedergebornen Kräften immer neue geistige Ziele erschließen und das Universum zu dem machen, was sein Name sagt: uni versum, d. h. dem Einen zugewendet. — Dazu stehe auf in allerlei Volk, du frommforschender Geist unvergänglicher Weisheit, du Geist des wahren Wissens und des wahren Glaubens, und kehre zum lebendigen Gotte und zu seiner lebendigen Vereinigung mit der Menschheit zurück! und du, schlummernde Gotteskraft, mache uns treu in Liebe, froh im Hoffen, stark im Glauben. Gieb, daß es in dieser Auferstehung der Seelen, in diesem Erwachen der Geister bei den Einen nicht mehr heiße: Wiederschein hereinbrechenden Höllenfeuers! auf! zu den Waffen für die Altäre! — wenn die Andern: Morgenröthe! rufen. — Das Volk aber, das am Fuße der Berge gelagert, lichtverlangend zu den Höhen hinaufruft: Hüter! ist die Nacht bald hin? — möge bald von dort die frohe Botschaft des jungen Tages vernehmen: Heil uns! die Finsterniß ist vergangen und das Licht ist angebrochen!

So lasset uns ablegen die Werke der Finsterniß und anlegen die Waffen des Lichtes! —

In dem großen Interim aber, in dem unsre Zeit steht, und „donec per Dei gratiam de religione ipsa convenerit," bis durch Gottes Gnade man über die Religion selbst übereingekommen sein wird (wie es im westphälischen Friedensinstrumente heißt), wollen wir uns der kostbaren Worte erinnern, mit denen das Religionsedikt Constantins des Großen an die orientalischen Provinzen schloß: „Freudig mögen unterdessen die Fremden gleichen Genuß des Friedens und der Ruhe mit den Gläubigen empfangen: Keiner beunruhige den Andern. Jeder handle nach der Neigung seiner Seele. Diejenigen, welche die richtigen Ueberzeugungen haben, müssen wissen, daß Diejenigen allein heilig und wahr leben werden, welche du, Gott, selbst dazu rufst, in deinem heiligen Gesetz ihre Ruhe zu finden."

Herr! — sagen wir zum Schluß mit dem alten Fulgentius, — du weißt, was für das Heil unserer Seele dienlich ist. Wenn wir also dich um das bitten, was von dir zu erbitten die gegenwärtige Noth uns mahnt, so verleihe deine Barmherzigkeit, was unsern geistlichen Nutzen nicht hindert. Unser demüthiges Gebet werde also, wenn es frommt, so von dir gehört, daß vor Allem

dein Wille geschehe!

FSC
www.fsc.org
MIX
Papier | Fördert gute Waldnutzung
FSC® C083411

Kolibri 360 GmbH
Ferdinand-Jühlke-Straße 7
99095 Erfurt, Deutschland
produktsicherheit@kolibri360.de